ChatGPT无限可能：
人工智能引领财富升级之路

罗 凯 郑立鹏 著

中国商业出版社

图书在版编目（CIP）数据

ChatGPT 无限可能：人工智能引领财富升级之路 / 罗凯，郑立鹏著 . -- 北京：中国商业出版社，2023.9

ISBN 978-7-5208-2633-4

Ⅰ. ①C… Ⅱ. ①罗… ②郑… Ⅲ. ①人工智能 Ⅳ. ①TP18

中国国家版本馆 CIP 数据核字（2023）第 180483 号

责任编辑：滕 耘

中国商业出版社出版发行
（www.zgsycb.com 100053 北京广安门内报国寺 1 号）
总编室：010-63180647 编辑室：010-83118925
发行部：010-83120835/8286
新华书店经销
三河市龙大印装有限公司印刷
*
710 毫米 ×1000 毫米 16 开 13.5 印张 150 千字
2024 年 1 月第 1 版 2024 年 1 月第 1 次印刷
定价：59.80 元
* * * *

现在人人都在谈论人工智能，人们对其态度或焦虑或憧憬，但是我们真的理解人工智能吗？人工智能一定会给社会的各个方面带来巨大的改变，如生产力的进化、时隔百年的新一轮工业革命，但目前人们并没有真正意识到这一点。从某种意义上说，今天我们看到的，并不是真正意义上的人工智能。

实际上，导致一些人失业的只是看起来比较聪明的机器，而真正的人工智能不会导致人们失业。目前来看，人工智能发展所面临的问题并不在于人工智能本身，而是人类对它的理解。什么是人工智能，才是人们最需要关注以及深入了解的话题。在笔者看来，判断是不是人工智能的条件之一，是它必须能做到人类做不到的事。如果一件事人类能做到、人工智能也能做到，那么这样的人工智能只能被称为机器学习或者大语言模型。

帮助人类完成重复性、机械性工作的科技，应该被称为“聪明的机器”，而非“智能”。换言之，我们只需要它们聪明即可，它们没必要具备智能的特点。与人工智能共同协作，人类可以将精力集中在具有创新性、创造性和高认知水平的任务上，共同推动社会的进步。

人类智能实际上是一个复杂的综合体，它不是单维的，而是多维的。有些动物的智商很高，如鲸鱼、章鱼、狗。在某些能力、某些维度上，它们的智能和人类处在同一水平上，无法从一个单一的维度给不同动物的智能排序。

对于人类来说，这个道理也适用。人的大脑和体现智能的思维模式是多样化的。有的人的大脑具有强大的翻译能力，有的人的大脑具有强大的分析能力。针对不同的“头脑”类型，可以开发出不同的智能产品。

想要让人工智能成为一个包含了各种思维模式的复杂生态系统是不可能的，人工智能只能在某一个或者某几个方面超越人类，因此人工智能需要有取舍。

当前人工智能面临的现实是：在某些方面极为聪明，但在其他方面则稍显迟钝，可谓“聪明且愚蠢”。最优秀的人工智能可能会专注于特定领域。人工智能不是单一的，而是多样的，它不是一个“唯一”的实体。

在人工智能时代，人类与人工智能可以分工合作，各自发挥优势。人工智能擅长处理高效率、烦琐、重复的工作，而人类则可以专注于那些追求创新、突破的工作。

值得注意的是，人工智能并非要取代人类，而是在某些领域填补空白。然而，人工智能在生成结果时通常倾向于采用中间值，因此我们需要引导它作出更优选择。

为了让人工智能产生更好的结果，我们可以尝试调整其思考方式，例如，让它在看似无关的事物之间寻找联系。这样有助于激发人工智能的创造力。需要注意的是，与人工智能合作并非简单的一键生成，而是需要我们投入大量时间与之沟通。

继交互界面之后，人工智能需要具有的下一个功能是什么？答案是情感。通过加入情感模组，人们能够感受到人工智能的情感，人工智能可以带着情感和人类对话。有的人可能会疑惑，人工智能具有情感功能有什么作用？原始情感是非常有用的，如痛觉。和人类一样，机器人或者人工智能有痛觉才会自我保护，不会被轻易损坏。如果人工智能拥有情感，就会出现一些新的道德和伦理问题。面对人工智能时代的道德挑战，我们应该担负什么责任呢？

人工智能技术的崛起并非缘于技术突破，而是因为对话界面将人工智能从幕后推向台前。这让普通人开始注意到，人工智能其实早已在许多领域默默发挥作用。如今，我们正面临一个巨大的问题：人工智能不断融入我们的生活中，道德和伦理问题如何解决？

尽管人工智能已经取得了显著的进步，但仍然有许多还未解决的问题。其实，问题的关键并非技术难题，而是我们自己。我们尚未形成一套完整、合理、深入且公正的伦理标准，可以用于指导人工智能和机器人的行为。

笔者坚信，人工智能和机器人最终将成为我们的伙伴，帮助我们成为更好的人。随着人工智能技术的快速发展，我们不仅要关注它给各个领域带来的变革，还需正视伴随而来的道德挑战。为了在未来与人工智能共同前行，我们需要采取一系列措施，确保道德和伦理问题得到妥善解决。

提高人工智能伦理教育的重要性，从学术界到企业，都需要加强对开发人员和使用者道德和伦理的培训，让他们了解在人工智能应用中自身的责任和义务，从而提高对道德问题的敏感性。同时也需要制定一套明确的伦理准则，以确保人工智能能够遵循人类的道德观念。这些准则应涵盖数据使用、隐私保护、公平性和责任等方面，为人工智能的发展提供道德指引。消除人工智能偏见的关键在于使数据来源多元化。我们需要确保人工智能训练数据充分反映多元化的人类观念和行为，使人工智能能够更好地适应并服务于多元化的现实世界。

与此同时，跨学科合作在应对人工智能伦理问题中尤为重要。我们需加强计算机科学、哲学、社会学等学科之间的合作，共同研究和应对人工智能时代的道德挑战。此外，监管部门如何看待人工智能伦理问题，如何发挥关键作用也是一个问题。

从长远来看，人工智能的上限取决于人类集体意识的上限。打开未来之门的钥匙已经掌握在我们的手中，但是很多人还没有做好准备去面对它。谈论人工智能话题，我们至少需要以未来百年为基础，我们的下一代、下下一代也要思考如何与人工智能共生。

目录

第一部分　人工智能的过去、现在与未来

第一部分

Part One

人工智能的过去、现在与未来

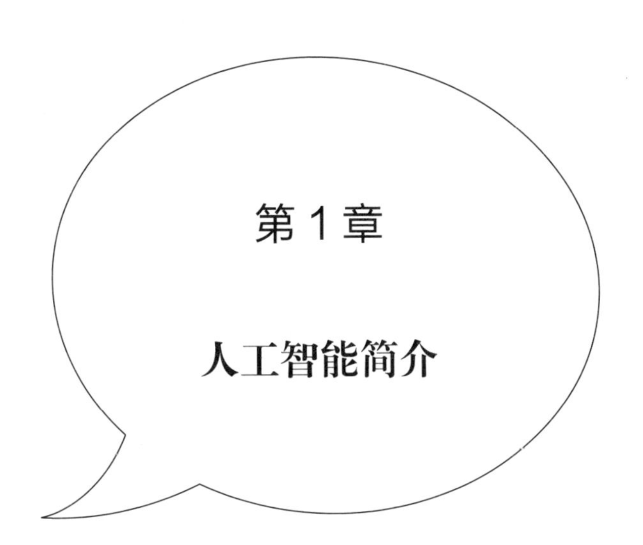

第 1 章

人工智能简介

作为本书的开端，笔者想用几百字的引言引领读者进入人工智能的世界，让读者更深入地理解它的过去、现在与未来。

对于“人工智能”这个词，大家已经不再陌生。它已经深深地影响了我们的生活，改变了我们的工作方式，甚至改变了我们对世界的理解。但人工智能究竟是什么？它从何而来？又将走向何处？这些都是我们需要进一步探讨的问题。

历史是我们理解现在、预测未来的一面“镜子”。在这一章中，我们将追溯人工智能的发展历程，从它诞生之初，到如今成为科技领域的重要力量。我们将会看到，这是一段由无数科学家、工程师和思想家共同书写的历史，他们的智慧和勇气塑造了如今的人工智能。

人工智能是一种新的思考方式。它强调的是数据驱动，是模式识别，是自我学习。这种思考方式虽然与我们已有的思考方式不同，但能帮助我们解决问题，为我们提供服务，甚至创造新的价值，提供全新的可能性。

而关于人工智能的未来，我们可以预见的是，它将越来越深入地渗透到我们的生活，影响我们的决策，甚至塑造我们的社会。但我们也需要明白，未来充满了未知。我们需要对人工智能有更深入的理解，以更好地应对未来的挑战和机遇。

在这一章中，笔者将尽力为读者揭示人工智能的世界，希望读者能从中获得启示，开启人工智能之旅。这是一次探索的旅程，也是一次自我认知的旅程。笔者相信，通过这次旅程，读者将能够更好地理解人工智能、更好地利用人工智能，甚至成为人工智能的创造者。

1.1 人工智能的兴起

人类对于智慧的渴望和对未知的探索从未停止过。在漫漫历史长河中，我们可以发现早期关于人工智能的思想和尝试痕迹，而这些灵光乍现的想法构成了人工智能史诗般的开篇。继而在 20 世纪中叶，人工智能领域开始进入系统化的研究阶段。1950 年，英国计算机科学家艾伦·图灵（Alan Turing）提出了著名的图灵测试，试图通过一种标准来评判计算机是否具备智能。图灵测试成为人工智能研究的一个重要参考，引发了许多科学家对人工智能的关注和研究。

随后，美国计算机科学家约瑟夫·维森鲍姆（Joseph Weizenbaum）开发出世界上第一个聊天机器人——艾尔莎（ELIZA）。虽然艾尔莎不能理解输入的语句，但它的出现为计算机和人类通过文本进行交流奠定了基础。

在人工智能发展的历史长河中，无数智者不断探索与尝试，他们勇攀科学高峰，为人类创造了无尽的可能。这些早期的思想与尝试，如同璀璨的星辰，照亮了人工智能发展的道路，指引我们走向更加辉煌的未来。

人工智能这一概念，起源于 1956 年的达特茅斯会议。1956 年夏天，美国达特茅斯学院举办了一场为期 8 周的学术研讨会，邀请了艾伦·纽厄尔（Allen Newell）、赫伯特·西蒙（Herbert Simon）、约翰·麦卡锡（John McCarthy）、马文·明斯基（Marvin Minsky）等众多计算机科学家共同探讨人工智能领域的发展。这次会议被誉为人工智能诞生的标志，人工智能从此正式进入人们的视野，成为一门独立的学科。

那个时期，人工智能领域涌现出了一大批杰出的研究成果。赫伯特·西蒙和艾伦·纽厄尔在1955年开发出世界上第一个人工智能程序——逻辑理论家（Logic Theorist），成功证明了几十个数学定理。此后，人工智能领域的研究开始逐步展开，各种方法和技术纷纷出现。

20世纪60年代，人工智能的研究取得了显著进展。弗兰克·罗森布拉特（Frank Rosenblatt）提出了感知器模型，这是一种最早的人工神经网络。虽然当时的感知器模型受限于计算能力和数据资源，但它为后来的神经网络和深度学习的研究奠定了基础。

同期，世界上第一个知识表示系统——通用问题求解器（General Problem Solver，GPS）诞生。它是由赫伯特·西蒙和艾伦·纽厄尔共同开发的，基于逻辑和规则，能够解决一些简单的问题。尽管GPS的应用范围有限，但它的出现为人工智能的发展提供了一种新的思路，展示了智能系统在解决问题方面的潜力。

进入20世纪70年代，人工智能研究开始受到专家系统的影响。专家系统是一种基于知识库和推理机制的智能决策系统，旨在模拟人类专家的知识和经验。斯坦福大学的MYCIN系统是早期的专家系统之一，在医疗诊断领域取得了显著的成果。专家系统的出现，进一步扩大了人工智能的应用范围，为后来的知识表示和推理研究提供了丰富的经验。

然而，20 世纪 80 年代，人工智能领域遭遇了一场“寒冬”，众多项目和研究陷入了停滞。这一时期，人工智能发展的瓶颈主要在于计算能力、数据资源和算法效率。但正是在这个低谷期，神经网络和机器学习开始崭露头角，为人工智能的复兴奠定了基础。

20 世纪 90 年代，随着计算机硬件的快速发展和互联网的普及，人工智能领域开始焕发新的生机。许多先进的算法和模型，如支持向量机、隐马尔可夫模型等，开始在语音识别、图像处理、自然语言处理等领域得到广泛应用。这一时期，人工智能研究逐步走向实用化，与实际应用更加紧密地结合在一起。

21 世纪初，人工智能迎来了一个全新的黄金时代。尤其是在深度学习技术的推动下，人工智能在许多领域实现了突破性进展。大规模视觉识别（ImageNet）竞赛的诞生，标志着计算机视觉领域进入了深度学习时代。卷积神经网络在图像分类、目标检测等方面取得了惊人的成绩，引领了人工智能的新浪潮。

同时，自然语言处理领域也出现了革命性的突破。来自变换器的双向编码器表征量（Bidirectional Encoder Representations from Transformers，BERT）等预训练模型的诞生，使得机器在阅读理解、问答系统等任务上的表现大幅提升。这些重大突破，让人工智能成为科技界的热门话题，吸引了大量资本和人才投入研究。

当然，不仅仅是计算机视觉和自然语言处理领域，人工智能在其他领域也取得了显著的成果。无人驾驶、医疗诊断、金融风控等领域都出现了许多应用实例，人工智能为人们的生活和工作带来了诸多便利。

值得一提的是，人工智能的发展离不开开源社区的助力。在过去的几年里，许多优秀的人工智能框架和库，如TensorFlow、PyTorch、Keras等，已经成为研究人员和工程师在人工智能领域进行研究的重要工具。这些开源项目让人工智能的研究变得更加便捷、高效，也加速了新技术和应用的普及。

此外，企业和学术界对于人工智能的支持力度不断加大。全球范围内，越来越多的国家制定人工智能发展战略，争夺技术制高点。大型科技公司，如谷歌、亚马逊、微软、腾讯等，都在积极布局人工智能领域，争夺市场份额。同时，高等院校和研究机构在人工智能领域的研究也不断深入，为科技进步提供源源不断的智力支持。

随着人工智能的蓬勃发展，人们也开始关注它对人类社会产生的深远影响。在工业、医疗、教育、交通等众多领域，人工智能都助力提高生产效率、优化资源配置、改善人类生活质量。无论是智能制造、精准医疗，还是在线教育、智能交通，人工智能都在释放巨大的潜力，为社会进步提供强大的动力。

总之，自20世纪中叶以来，人工智能经历了从兴起到低谷，再到加速发展的历程。如今，人工智能已经走进了我们的日常生活，与社会的各个方面紧密相连。在这个波澜壮阔的时代，我们有幸目睹了人工智能带来的一场科技革命。而这场革命，离不开无数人的探索与尝试，也离不开全球范围内各方力量的共同努力。

然而，人工智能的发展也引发了一些争议和担忧。失业问题、数据隐私、算法歧视等问题，时常困扰着我们。面对这些挑战，我们需要在发展人工智能的同时，关注道德伦理、公平正义、人机协作等问题。通过制定相应的政策和法规，加强人工智能领域的监管，确保它在造福人类的同时，不会引发一些风险，给人类造成危害。

人工智能的未来，充满无限的可能。随着技术的进步和创新，我们有理由相信，未来的人工智能将会更加智能化、更加人性化、更加可靠。它将更好地融入我们的生活，与我们共同成长，成为人类文明的重要支柱。

1.2 什么是人工智能

自古以来，人类就一直向往拥有智能水平与人类相似的机器。从古希腊神话中的机械巨人塔罗斯（Talos）到文艺复兴时期列奥纳多·达·芬奇（Leonardo da Vinci）的机械骑士，这种渴望贯穿了整个人类历史。随着科学技术的发展，这个梦想逐渐从科幻小说走入现实。人工智能（Artificial Intelligence，AI）就是实现这个梦想的关键。它是一门研究如何模拟、扩展，甚至超越人类智能的学科。

人工智能是一个涵盖范围非常广泛的概念，包括计算机科学、认知科学、心理学、生物学、哲学等多个学科。它的研究对象不仅包括计算机和机器，还包括人类大脑和神经系统。它试图让计算机像人类一样思考、学习、解决问题和进行决策，以满足人类在各个领域的需求。随着科技的进步，人工智能已经在图像识别、自然语言处理（Natural Language Processing，NLP）、语音识别、自动驾驶等领域取得了显著的成果。

一般而言，我们可以将智能分为两类：人工智能和自然智能。人工智能是指人类创造的具有某种程度智能的计算机或者机器，而自然智能是指生物体（如人类）天生具有的智能。两者之间的区别在于智能的来源和表现形式。人工智能是通过计算机编程和算法实现的，它的表现形式是计算机软件和硬件；而自然智能是通过基因、神经元和大脑实现的，它的表现形式是生物体的行为和思维。

在实现人工智能的过程中，研究者面临着许多挑战。

第一，如何模拟人类智能的机制和原理？这需要我们深入了解大脑和神经系统的工作原理，发现其中的规律和模式。

第二，如何让计算机具有自主学习和适应的能力？这需要我们研究机器学习算法和数据挖掘技术，让计算机可以在不断地处理数据和信息的过程中提高自己的认知与判断能力。

第三，如何让计算机理解和处理自然语言？这需要我们研究自然语言处理技术，让计算机可以识别和理解人类的语言与文本。

第四，如何让计算机具有视觉、听觉和触觉等感知能力？这需要我们研究计算机视觉、语音识别和感知计算等技术，让计算机可以像人类一样感知和理解外部环境。

第五，如何让计算机具有情感和道德观念？这需要我们研究情感计算和道德计算等领域，让计算机可以理解人类的情感和价值观。

为了实现这些目标，人工智能领域的研究者采用了多种方法和技术，如机器学习、深度学习、神经网络、遗传算法、模糊逻辑、启发式搜索等。这些方法和技术都有各自的优点与局限性，它们在不同的场景和任务中发挥着关键作用。例如，机器学习是让计算机在不断地处理数据和信息的过程中提高自己的认知和判断能力的关键方法，而深度学习则是通过模拟大脑神经网络的结构和功能来完成计算机视觉、语音识别等任务的有效技术。

值得注意的是，人工智能不仅是一种技术，还是一种科学观念和哲学思考。人工智能领域的研究者关注的问题不仅是技术运用，还涉及人类智能的本质、意识、自由意志、道德责任等哲学问题。这些问题挑战了人类对自身和世界的认知，引发了激烈的争论和思考。

在人工智能的发展过程中，有一些具有代表性的成果和突破。例如，1956 年，美国数学家克劳德·香农（Claude Shannon）和艾伦·图灵（Alan Turing）等人在达特茅斯会议上提出了“人工智能”这个概念，标志着人工智能研究的正式开始。

此后，AI 领域经历了多次波折和发展，出现了许多重要的理论和成果。例如，1959 年，美国计算机科学家亚瑟·塞缪尔（Arthur Samuel）通过让计算机下国际象棋发现了机器学习的潜力；1965 年，美国工程师扎德（Zadeh）提出了模糊逻辑，为人工智能的发展开辟了新的研究方向；1991 年，英国科学家蒂姆·伯纳斯·李（Tim Berners-Lee）发明了万维网（World Wide Web），为人工智能的应用提供了广阔的平台；2000 年，随着大数据和云计算的兴起，人工智能进入了一个新的黄金时代；2010 年，深度学习和神经网络的突破，助力人工智能在图像识别、自然语言处理等领域取得了重大成果，展示了人工智能的强大潜力。

在实际应用中，人工智能已经渗透到我们生活的方方面面。在工业领域，智能机器人可以代替人类完成重复、高危、高精度的工作；在医疗领域，人工智能可以帮助医生进行病理诊断、制订治疗方案；在金融领域，人工智能可以进行风险评估、股票交易；在教育领域，人工智能可以为学生提供个性化的学习指导；在家庭生活中，智能家居可以为我们提供便捷的生活服务，如语音助手、智能照明等。

尽管人工智能取得了显著的成果，但它仍然面临着许多挑战和困境。首先，人工智能的发展需要大量的数据和计算资源，这是许多企业难以承受的负担。其次，人工智能可能导致大规模的失业和社会不平等，因为它会取代许多传统行业的工作岗位。再次，人工智能的安全和隐私问题日益凸显，如何防止人工智能被滥用、保护个人隐私，成为当务之急。然而，人工智能的道德规范和法律问题尚未得到充分解决，如何为人工智能制定合适的道德规范和法律框架仍然是一个挑战。最后，人工智能在意识、情感和自由意志等领域仍然存在许多未知的问题，我们需要继续探索和研究这些问题的本质与解决方案。

面对这些挑战，我们需要在多个层面采取措施。首先，在科研层面，我们需要继续加大对人工智能领域的投入，推动基础理论研究和技术创新。同时，我们需要加强多学科交叉研究，从计算机科学、认知科学、心理学、哲学等角度全面研究人工智能。其次，在政策层面，需要有合理的法律法规和道德规范为人工智能的发展提供稳定的制度保障。此外，国际上的各方还需要加强合作，共同应对人工智能带来的全球性挑战。

人工智能的发展将对我们的社会、经济和文化产生深远的影响。我们需要正视人工智能带来的机遇和挑战，积极应对和适应新的科技环境。同时，我们需要保持谦逊和敬畏之心，始终关注人工智能对人类生活的影响，以及它在道德、法律和哲学等领域所引发的问题。只有这样，我们才能确保人工智能为人类带来真正的福祉，实现科技与人类的和谐共生。

1.3 人工智能的分类

如前所述，人工智能具有创造性力量，能改变我们的生活和未来。它的历史和发展可以追溯到古希腊时期的哲学家。如今，人工智能已经成为我们日常生活中不可或缺的一部分。在此，我们将详细探讨人工智能的分类，并深入了解这一领域丰富多样的研究方向，进而从 ·个更高的维度来审视这一领域。

人工智能的本质可以从 3 个方面来阐述：模仿人类思维、扩展人类智能和优化问题求解。

模仿人类思维是人工智能发展的初衷，试图通过计算机程序来模拟人类大脑的思考过程，从而实现智能。这一领域包括知识表示、规划、推理等多个子领域。例如，早期的专家系统就是尝试通过模拟人类专家的决策过程来解决问题。这些系统通常会将专家的知识编码成规则，然后通过规则引擎进行推理。

扩展人类智能是人工智能的另一个重要方向，它关注如何利用计算机技术来提高人类的智能水平，让人类能够更好地理解和解决问题。这一领域包括人机交互、增强现实（Augmented Reality，AR）等多个子领域。例如，现代搜索引擎通过快速检索海量信息来帮助人们找到所需的答案。

优化问题求解是人工智能的另一个核心目标，即关注如何利用计算机技术来寻找问题的最优解。这一领域包括搜索算法、优化算法、统计学习等。

根据不同的角度和目标，我们可以将人工智能进行多种分类。本节将介绍 4 种主要的分类方法，包括按照任务的复杂性、学习方式、应用领域和发展阶段来给人工智能分类。

1. 按照任务的复杂性分类

按照任务的复杂性来划分，可以将人工智能划分为弱人工智能、通用人工智能（Artificial General Intelligence，AGI）和强人工智能。弱人工智能是指在特定任务上表现出接近人类的智能水平的系统。通用人工智能是指具有广泛应用能力的人工智能，能够在各种任务中展现出和人类一样的智能水平。强人工智能则是指具有自主意识、情感和创造力的人工智能，它的智能水平已经超越了人类。

2. 按照学习方式分类

根据人工智能的学习方式，可以将人工智能分为基于知识的系统、基于搜索的系统、基于机器学习的系统和混合系统。基于知识的系统则利用专家知识库进行推理和决策。基于搜索的系统通过搜索解空间来寻找解决方案，如象棋程序。基于机器学习的系统通过从数据中学习来进行决策，如神经网络。混合系统则是结合了多种方法的人工智能。

3. 按照应用领域分类

我们可以根据人工智能的应用领域对其进行分类。人工智能的应用领域十分广泛，如自然语言处理、计算机视觉、语音识别、机器翻译、知识表示与推理、智能机器人、决策支持系统等。在这些应用领域，都有着丰富的研究成果和实际应用案例。

按照应用领域，人工智能可以分为以下几类。

（1）工业自动化。在工业领域，人工智能可以应用于智能制造、生产过程优化、质量检测等方面，提高生产效率和产品质量。

（2）交通出行。在交通领域，人工智能可以应用于自动驾驶、智能交通管理、导航等方面，提高人们出行安全和便捷性。

（3）医疗健康。在医疗健康领域，人工智能可以应用于疾病诊断、治疗方案推荐、药物研发、医疗数据分析等方面，提高医疗水平和患者生活质量。

（4）金融服务。在金融领域，人工智能可以应用于风险评估、信用评估、交易策略制定、反欺诈等方面，提高金融业务的安全性和效率。

（5）教育培训。在教育培训领域，人工智能可以应用于个性化教学、智能辅导、在线评测等方面，提高教育质量和学生的学习效果。

（6）娱乐休闲。在娱乐休闲领域，人工智能可以应用于游戏设计、影视制作、音乐创作、艺术创新等方面，丰富人们的精神文化生活。

（7）安全防御。在安全防御领域，人工智能可以应用于入侵检测、恶意软件分析、视频监控、反恐侦查等方面，提高社会治安水平，维护国家安全。

4. 按照发展阶段分类

人工智能的发展可以分为以下几个阶段。在不同的发展阶段，都有与之对应的人工智能技术。

（1）初级阶段。在这个阶段，人工智能主要依赖于预设的规则和算法进行计算和推理。典型的初级人工智能技术包括专家系统、模式识别、基本的搜索算法等。

（2）中级阶段。在这个阶段，人工智能开始学会从数据中自动学习和提取知识。典型的中级人工智能技术包括监督学习、无监督学习等机器学习方法。

（3）高级阶段。在这个阶段，人工智能具有更强大的认知和判断能力，能够处理复杂的数据结构和模式。典型的高级人工智能技术包括深度学习、强化学习、迁移学习等先进技术。

（4）超级阶段。在这个阶段，人工智能的能力达到或超过人类水平，在很多领域可以替代或超越人类。超级人工智能目前尚处于研究和探讨阶段，距离实现还有一定的距离。

人工智能是一个多样化、复杂的领域，我们可以从多个角度和维度对其进行分类。这些分类方法有助于我们更好地了解人工智能的内涵和外延，为进一步学习和探讨人工智能技术奠定基础。

需要注意的是，人工智能的发展是一个持续演进的过程，各种分类方法和范畴可能随着技术进步与应用需求的变化而发生变化。因此，在学习和应用人工智能的过程中，我们应保持开放和灵活的思维，关注新兴技术和趋势，努力提高自己的认知和能力水平。

1.4 人工智能的实现方法和技术

人工智能，这个充满魅力与变革力量的领域，推动科技、商业和社会的发展浪潮汹涌澎湃。正如庄子在《齐物论》中所提倡的“万物齐一”一样，人工智能将以无数种方式融入我们的生活，为我们开启一个全新的时代。在本节中，我们将深入探讨人工智能的实现方法和技术，通过现实案例和数据，展现这些方法的力量和应用前景。

除了深度学习外，还有一种像蝴蝶翅膀般“轻盈”“柔美”的技术，那就是自然语言处理技术。自然语言处理技术，就像一位博学多才的诗人，掌握着语言的韵律、意象和魅力。现今的语音助手、智能问答系统和机器翻译，正是自然语言处理技术的成功应用。以微软研究院的“小冰”为例，它能与人类展开流畅的对话，诗词歌赋更是信手拈来。在某次诗词大会上，小冰更是一展才华，与人类选手鏖战到最后一刻，让在场的观众为之赞叹。这背后，正是自然语言处理技术在语义理解、情感分析和生成模型等方面的不断突破。正如夏目漱石在《我是猫》中描绘的那只机智诙谐的猫一样，自然语言处理技术将人类的语言世界，以一种全新的方式呈现给我们。

此外，还有一种像蜂巢般精密、高效的技术，让人工智能在解决问题时如虎添翼，那就是强化学习技术。强化学习技术，就像一个充满智慧的迷宫探险家，通过探索、尝试和学习，寻找到达目标的最佳路径。强化学习在无人驾驶汽车、机器人控制等领域，都取得了令人瞩目的成果。以 OpenAI 的机器人手臂为例，它能够自主学习折纸、拧瓶盖等复杂的操作。在学习过程中，机器人手臂不断尝试各种动作，利用强化学习算法评估并优化策略，最终掌握所需技能。这个过程，仿佛千里马寻找伯乐的过程，既充满挑战，又充满希望。

除了这些方法和技术，还有许多其他技术为人工智能的发展提供了支持。例如，计算机视觉技术让机器能够识别和理解图像；知识图谱技术则像一座宏伟的桥梁，连接着海量的信息和知识。而在这些技术背后，是无数科研工作者的辛勤付出和智慧结晶。

未来，人工智能将继续创造无数的可能性。我们可以想象，在不久的将来，医生将借助人工智能进行更准确的诊断；教育者将运用人工智能为每个孩子提供定制化的教育方案；城市规划者将借助人工智能优化城市基础设施，提高居民生活品质。而这些仅仅是冰山一角，未来的人工智能将为我们揭开更多未知的面纱，引领我们走向一个充满奇迹的新时代。

然而，任何技术都有其局限性和挑战。正如牛顿第三定律所言："相互作用的两个物体之间的作用力和反作用力总是大小相等，方向相反，作用在同一条直线上。"在人工智能的发展过程中，我们也需要关注一些潜在的问题，如数据安全、隐私保护以及技术失控等。在这个风云变幻的时代，我们需要以谨慎的态度和缜密的思维，探讨如何将这些挑战转化为机遇，使人工智能给人类带来福祉。

正如庄子在《齐物论》中所说："大知闲闲，小知间间。"在探索人工智能的无穷魅力时，我们需要摒弃狭隘的观念，拥抱多样化的思维。在这个过程中，我们将不断发现新的方法和技术，开创一个更加美好的未来。

在世界的舞台上，每个人都是主角，每个人都有独特的力量。我们需要跳出自己的舒适区，去尝试、实践，为人工智能的发展贡献自己的力量。除了深度学习、自然语言处理、强化学习等技术外，在本节中，我们将详细介绍实现人工智能的一些主要方法和技术。这些方法和技术共同构成了人工智能的底层基石，为各种人工智能应用提供了强大的支持。

1. 符号主义（基于规则的方法）

符号主义是一种基于逻辑推理的人工智能实现方法。它通过将知识表示为符号（如概念、属性、关系等）和规则（如推理规则、决策规则等），利用搜索和推理算法解决问题。符号主义的典型应用包括专家系统、知识表示、自动推理等。

2. 连接主义（神经网络）

连接主义是一种模仿人脑神经元结构和功能的人工智能实现方法。它通过构建神经网络模型，如感知机、多层感知机、卷积神经网络等，学习神经元之间的连接权重和激活函数，以实现对输入数据的处理和输出。连接主义的典型应用包括图像识别、语音识别、自然语言处理等。

3. 机器学习

机器学习是一种让计算机从数据中自动学习和提取知识的人

工智能实现方法，它关注如何让计算机从数据中自动学习和提取知识，以提高认知和判断能力。它包括监督学习（如回归分析、分类器等）、无监督学习（如聚类、降维等）、强化学习等技术。机器学习在很多领域取得了成功应用，如图像识别、语音识别、自然语言处理、推荐系统等。

常用的机器学习算法包括决策树、支持向量机（Support Vector Machine，SVM）、贝叶斯分类、神经网络、聚类分析等。

4. 深度学习

在人工智能的实现方法和技术中，有一种如同繁星般璀璨夺目，那就是深度学习。深度学习是一种特殊的机器学习方法，它利用深度神经网络（Deep Neural Network，DNN）模型，如卷积神经网络（Convolutional Neural Network，CNN）、循环神经网络（Recurrent Neural Network，RNN）、生成对抗网络（Generative Adversarial Network，GAN）等来处理复杂的数据结构和模式。深度学习在计算机视觉、自然语言处理、语音识别等领域取得了重要突破，为人工智能的发展带来了新的契机。

深度学习技术，就像一个用数学公式编织而成的巨大网络，通过数以千计的节点和连接，捕捉到世界的千变万化。谷歌的 AlphaGo 在 2016 年战胜围棋世界冠军李世石，正是深度学习技术发挥了关键作用。AlphaGo 的背后，是一种名为卷积神经网络的技术，它通过多层次的抽象和表达，捕捉到了围棋中复杂的战局和策略。值得一提的是，AlphaGo 在成千上万次的自我对弈中，不断地学习和进化，最终达到了超越人类的水平。这个成就，正如杨过习得的武功绝学，不断磨炼、超越自我，终能成为江湖中无敌的传奇。

5. 模糊逻辑

模糊逻辑是一种处理不确定性和模糊性问题的人工智能实现方法。它将真值的取值范围从传统的二值逻辑（真、假）扩展到0和1之间的实数区间。它基于模糊集合和模糊关系理论，将事物的属性和关系表示为模糊的概念和规则，实现对不精确信息的推理和决策。模糊逻辑在控制系统、模式识别、决策支持等领域具有较广泛的应用。

6. 概率模型

概率模型是一种基于概率论和统计学的人工智能实现方法。它通过建立随机变量之间的概率分布和条件概率关系，对不确定性和随机性问题进行建模和推理。概率模型在机器学习、数据挖掘、自然语言处理等领域具有重要应用。常见的概率模型包括贝叶斯网络、隐马尔可夫模型、条件随机场等。

7. 蒙特卡罗方法

蒙特卡罗方法是一种基于随机抽样的数值计算方法，它利用概率模型和统计模拟技术，对复杂问题进行近似求解。蒙特卡罗方法在优化、积分、模拟等领域具有广泛的应用。

8. 知识图谱

知识图谱是一种结构化的知识表示方法，它将知识表示为实体、属性、关系等多维度的图结构，实现对大规模异构数据的整合和分析。知识图谱在语义搜索、问答系统、推荐系统等领域具有重要应用。

9. 自动规划

自动规划是一种基于搜索和推理的人工智能实现方法，它通过分析问题的初始状态、目标状态，生成满足目标的操作序列或策略。自动规划在智能控制、机器人技术、物联网等领域具有应用价值。

10. 知识表示与推理

知识表示与推理是实现人工智能的方法之一，它关注如何将人类的知识转化为计算机可以理解的形式，以及如何利用这些知识进行推理和决策。知识表示方法包括逻辑表示、语义网络表示、框架表示、产生式表示等。知识推理方法包括基于规则的推理、基于案例的推理、基于模型的推理等。

11. 自然语言处理

自然语言处理是实现人工智能的重要技术之一，它关注如何让计算机理解和处理人类的自然语言。自然语言处理涉及词汇、语法、语义、语用等多个层面的分析和处理。常用的自然语言处理技术包括词性标注、句法分析、语义角色标注、情感分析、机器翻译等。

12. 计算机视觉

计算机视觉是实现人工智能的核心技术之一，它关注如何让计算机具有视觉感知能力，能够识别和理解图像与视频中的信息。计算机视觉包括图像处理、特征提取、目标检测、目标跟踪、场景分析等多个子领域。常用的计算机视觉技术包括边缘检测、特征点匹配、图像分类、目标识别、深度学习等。

13. 进化算法

进化算法是一种启发式优化算法，它模拟生物进化过程中的自然选择、遗传和变异机制来搜索最优解。进化算法在优化、组合、调度等问题上具有较强的求解能力。常见的进化算法包括遗传算法、粒子群算法、差分进化算法等。

以上就是实现人工智能的一些主要方法和技术。它们在各自的领域取得了显著的成果，共同推动了人工智能的发展和创新。在实际应用中，这些方法和技术往往需要相互结合、取长补短，以满足不同场景和需求。在未来的人工智能发展过程中，还有很多新的方法和技术会涌现出来。

1.5 人工智能带来的挑战

随着人工智能技术的飞速发展，人类社会正经历一场科技革命。从智能家居到自动驾驶汽车，从医疗诊断到金融风控，人工智能正逐渐渗透我们生活的方方面面。然而，在这一技术带来的便利和益处的背后，也存在着一系列挑战。下面将深入讲述这些挑战，包括数据隐私、算法歧视、决策透明度、责任归属以及对劳动力市场的影响，并试图提出一些可行的解决策略。

1. 数据隐私问题已成为社会关注的焦点

人工智能和机器学习系统需要大量数据来进行训练与优化，而这些数据往往涉及个人隐私和敏感信息，如医疗记录、金融交易、通信记录和地理位置等。随着数据泄露事件频发，公众对数据安全和隐私保护的要求日益提高。要解决这一挑战，相关方需要在技术、法律和道德3个层面付出努力。在技术层面，企业和研究机构可以采用加密、脱敏和差分隐私等手段来保护数据安全。在法律层面，应有严格的法律法规，确保企业和研究机构在收集、存储与使用数据时遵循相应的道德规范。在道德层面，企业和研究机构需要树立尊重个人隐私的价值观，倡导科技发展应兼顾人的尊严和权益。

2. 企业和研究机构需要关注算法歧视问题

由于训练数据中可能存在偏见，因此人工智能模型有时会产生歧视性的结果，这可能导致某些群体在就业、教育、医疗和金融服务等领域受到不公平对待。为了解决这一问题，企业和研究机构需要从数据收集与算法设计两方面入手。在数据收集阶段，企业和研究机构需要关注多样性和代表性，确保数据集反映了广泛的人群和场景。在算法设计阶段，企业和研究机构可以采用公平性约束优化、去偏见学习与可解释性模型等方法，使模型在保持高性能的同时降低潜在的歧视风险。此外，应有相关政策，鼓励企业和研究机构开展公平性与可解释性研究，营造公平、透明和可信赖的人工智能生态。

3. 决策透明度成为越来越重要的议题

人工智能在金融、医疗等领域的决策过程中，往往涉及复杂的算法和大量的数据，使得决策过程变得难以理解和解释。这可能导致无法有效监管和甄别潜在的歧视与不公。因此，提高决策透明度至关重要。要实现这一目标，企业和研究机构需要研发可解释性与可视化技术，使非专业人士也能理解模型的工作原理和决策依据。同时，监管机构应加强对人工智能系统的监管，确保其遵守透明性、公平性等原则，以维护公众利益，获得社会认可。

4. 责任归属问题也是一个值得关注的伦理挑战

当人工智能作出错误的甚至危险的决策时，我们应该如何追究责任？责任应归于开发者还是用户？为了应对这一挑战，我们需要在法律、道德和技术层面进行深入讨论。一种可行的解决方案是建立一个分层的责任体系，明确各方在不同情境下的责任。此外，企业和研究机构也应建立健全的内部监管机制，确保人工智能的安全运行。

5. 企业和研究机构必须关注人工智能对劳动力市场的影响

随着自动化技术的发展，许多传统职业面临被取代的风险。这不仅影响到就业结构，还可能加剧社会不平等。为了应对这一挑战，相关部门需要采取一系列措施。例如，通过教育改革和职业培训帮助劳动者适应新的技术环境。此外，相关部门还可以推行基本收入等福利政策，以缓解自动化带来的社会压力。

综上所述，人工智能技术在为社会带来巨大的发展机遇的同时，也引发了诸多挑战。为了实现人工智能的可持续发展，各方需要在技术、法律和道德层面共同努力。

只有这些挑战得到解决，人工智能的潜力才能充分释放，推动人类社会向更美好的未来迈进。

面对这些挑战，我们应保持谦逊和敬畏之心。我们应认识到科技发展不仅是一场技术竞赛，更是一场道德博弈。开发者、用户和监管者，都有责任确保人工智能技术具有道德合规性和社会可接受性。

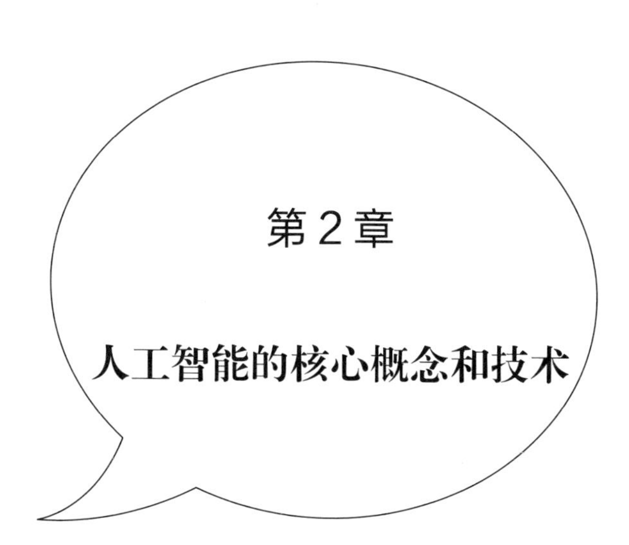

第2章

人工智能的核心概念和技术

在人工智能的海洋中，有许多概念和技术如同明亮的灯塔，照亮了我们前进的道路。在第 1 章中，我们已经初步探索了人工智能的相关历史与知识。在本章中，我们将进一步深入探索，解析人工智能的核心概念和技术。

2.1 机器学习：从数据中学习的艺术

在过去的几十年里，人工智能领域的发展取得了显著的成效。其中，机器学习作为其核心技术之一，备受关注。下面将详细讲述机器学习的基本概念、主要方法和技术，以及它们如何支持人工智能进步。

1. 机器学习的基本概念

机器学习是一种让计算机自动地从数据中学习和改善的方法，无须显式编程。通过构建数学模型并利用大量数据来训练这些模型，机器学习算法可以识别数据中的模式，从而完成预测、分类和决策等任务。这为人工智能的发展提供了强大的推动力。

2. 机器学习的主要方法

机器学习方法通常可分为三大类：监督学习、无监督学习和强化学习。每种方法都有其特点和适用场景。

（1）监督学习。监督学习是最常见的一种机器学习方法。机器学习算法使用带有标签的数据进行训练，学习输入与输出之间的映射关系。通过在大量已标注的数据上进行训练，算法能够在给定新的输入时，预测其相应的输出。监督学习可应用于完成分类（如图像识别）和回归（如预测房价）等任务。

（2）无监督学习。与监督学习不同，无监督学习并不依赖于已标注的训练数据。相反，其算法通过分析未标注的数据，试图发现数据的内在结构和模式。常见的无监督学习方法有聚类（如客户分群）和降维（如主成分分析）。

（3）强化学习。强化学习是一种基于试错原则的学习方法。在强化学习中，智能体通过与环境交互，学习采取哪些行动能够获得最多的累积奖励。强化学习在控制、优化和游戏领域有广泛的应用，如自动驾驶汽车。

3. 机器学习技术和算法

（1）线性回归与逻辑回归。线性回归和逻辑回归是较为简单的监督学习方法。线性回归试图通过建立一个线性模型来预测连续变量的值，而逻辑回归则用于预测离散变量的概率。这两种方法相对简单，在许多实际应用中具有一定的准确性和可解释性。

（2）决策树与随机森林。决策树是一种基于树结构的机器学习模型，可用于解决分类和回归任务。它通过从上至下递归地划分数据集，生成一系列的判断规则。随机森林则是一种基于决策树的集成学习方法，它通过构建多个决策树并进行投票来提高预测的准确性和稳定性。

（3）支持向量机。支持向量机是一种用于完成分类和回归任务的监督学习方法。它试图找到一个最优的超平面，将不同类别的数据尽可能地分开。支持向量机在高维数据和小样本数据上表现良好，特别适用于处理文本分类等任务。

（4）神经网络与深度学习。神经网络是一种模拟人脑神经元结构的计算模型。通过多层的神经元组织和大量的权重参数，神经网络能够学习复杂的非线性关系。深度学习是指具有多个隐藏层的神经网络，它在图像识别、自然语言处理和生成对抗网络等领域取得了突破性的成果。

（5）聚类与降维。聚类和降维是无监督学习中常见的技术。聚类试图将相似的数据划分为不同的簇，如 K-Means 算法。降维则通过数据低维表示，消除冗余信息和噪声，如主成分分析和 t- 分布随机邻域嵌入（t-SNE）等。

（6）Q 学习与深度强化学习（Deep Reinforcement Learning，DRL）。Q 学习是一种基于动态规划的强化学习算法，它通过学习动作价值函数来评估不同行动的优劣。深度强化学习则是将深度神经网络与强化学习结合起来，以完成更复杂的任务，如游戏、机器人控制和自动驾驶等。深度强化学习的代表性成果包括 DeepMind 的 AlphaGo 和 OpenAI 的 DOTA 2 战队等。

除了这些技术和算法外，还有许多其他技术和算法正在不断发展与完善，如贝叶斯网络、遗传算法、模糊逻辑等。这些技术和算法在特定领域和场景中有着重要的应用价值。

总之，机器学习是人工智能发展的核心驱动力之一。从简单的线性回归到复杂的深度神经网络，机器学习已经渗透我们生活的方方面面，为人类带来了许多便利和惊喜。然而，我们应当警惕过度依赖机器学习所引发的风险，如数据安全、隐私侵犯和算法歧视等。在这个时代，我们需要在科技发展与伦理道德之间找到平衡，确保人工智能为整个社会带来福祉，而不是制造鸿沟和矛盾。

2.2 深度学习

深度学习是一种模仿人脑神经网络结构的计算模型，引领人工智能领域的一场革命。它通过使用多层的神经元组织和大量的权重参数，使神经网络能够学习复杂的非线性关系。下面介绍深度学习的基本原理、关键技术、典型应用、未来前景以及深度学习的革命。

1. 深度学习的基本原理

深度学习的核心思想是通过堆叠多个处理层来表示数据的高层次抽象特征。每一层都可以将前一层的输出作为输入，并通过一系列的计算操作，如加权求和、激活函数等，来生成新的特征。随着网络层数的增加，深度学习模型的表示能力越来越强，可以处理越来越复杂的数据和任务。

深度学习模型的训练通常采用反向传播算法和梯度下降法。通过监督学习的方式，模型在大量的训练数据上进行迭代优化，逐渐调整权重参数以减小预测误差。在训练过程中，深度学习模型能够自动地学习数据的内在结构和规律，从而实现对新数据的预测和推理。

2. 深度学习的关键技术

在深度学习领域，以下几项关键技术对其发展产生了深远的影响。

（1）卷积神经网络。卷积神经网络是一种特殊的深度学习模型，主要用于处理图像数据。它采用卷积操作来捕捉局部特征，有效地减少了参数数量和计算量。此外，池化层（Pooling）的引入可以降低空间分辨率，提高模型的鲁棒性。卷积神经网络的典型应用包括图像分类、物体检测和语义分割等。

（2）循环神经网络。循环神经网络是一种能够处理序列数据（如时间序列和文本）的模型。它具有内部记忆单元，可以在处理下一个序列数据时保留前面信息的状态。长短时记忆网络和门控循环单元等变种结构进一步改善了循环神经网络的性能，解决了梯度消失和梯度爆炸问题。循环神经网络在自然语言处理、语音识别、时间序列预测等领域取得了显著的成果。

（3）生成对抗网络。生成对抗网络是一种创新的生成模型，由生成器和判别器组成。生成器试图生成尽可能接近真实数据的样本，而判别器则努力区分生成样本与真实数据。两者相互竞争，逐渐提高生成样本的质量。生成对抗网络在图像生成、风格迁移、数据增强等方面展现了强大的能力。

（4）变分自编码器（Variational Auto-Encoders，VAE）。变分自编码器是一种基于概率论和变分推理的生成模型。它通过一个编码器将输入数据映射到一个隐空间，然后通过一个解码器从隐空间生成新的样本。变分自编码器可以学习数据的潜在表示，用于完成图像生成、聚类分析、异常检测等任务。

（5）Transformer。Transformer 是一种基于自注意力机制的深度学习模型，突破了循环神经网络的局限，实现了并行计算和长距离依赖捕捉。借助预训练和微调策略，Transformer 在自然语言处理、计算机视觉和强化学习等领域取得了重大突破。

3. 深度学习的典型应用

深度学习技术已广泛应用于各个领域，以下是一些典型的应用场景。

（1）计算机视觉。深度学习在图像分类、物体检测、人脸识别、语义分割等方面取得了突破性进展，推动了计算机视觉领域的发展。

（2）自然语言处理。Transformer 模型及其衍生体（如 BERT、GPT 等）在机器翻译、文本分类、情感分析、问答系统等方面刷新了性能纪录，极大地提高了自然语言处理技术的实用价值。

（3）语音识别。深度学习模型在语音识别领域取得了显著的成果，为智能助手、语音翻译和无障碍通信等应用提供了坚实的基础。

（4）游戏和强化学习。深度学习技术在游戏智能和强化学习方面取得了重大突破，在复杂决策和策略优化方面也有巨大的潜力。

（5）医学图像分析。深度学习技术在医学图像分析中发挥了重要作用，如辅助诊断、疾病预测、肿瘤切除等。这些应用为医生提供了强大的支持，提高了医疗服务的质量和效率。

（6）推荐系统。深度学习在推荐系统领域也取得了显著的成果，如个性化推荐、群体推荐、动态推荐等。这些应用为互联网企业创造了巨大的商业价值，改善了用户体验。

4. 深度学习的未来前景

尽管深度学习已经取得了令人瞩目的成就，但仍面临诸多挑战，包括模型解释性、泛化能力、计算资源需求等。未来，研究者将继续探索新的理论和方法，以攻克这些难题，推动深度学习技术进一步发展。以下是几个值得期待的研究方向。

（1）可解释的深度学习。深度学习模型具备更强的解释性，有助于我们理解其内部工作原理，提升信任度。具有更强解释性的深度学习模型在医疗、金融等领域具有更广阔的应用前景。

（2）迁移学习与增量学习。研究者应致力于探索如何有效地将已有模型的知识迁移到新任务或新领域，以降低训练成本和时间成本。此外，研究者还要关注增量学习，使模型能够在接触新数据的过程中持续学习和进化。

（3）能源效率与边缘计算。优化深度学习模型的能源效率，减少计算资源需求，使其更适合在边缘设备上运行，如智能手机、物联网（Internet of Things，IoT）设备等。

（4）跨模态学习。研究者应研究如何融合多模态信息，如图像、文本、语音等，以实现更丰富、准确的表达和推理。

（5）知识表示与推理。研究者应探索将深度学习与符号推理相结合的新方法，以获得更高层次的认知能力，提升人工智能的智能水平。

深度学习作为人工智能的核心技术之一，已经在众多领域展示了强大的潜力和价值。然而，深度学习仍面临着诸多挑战，还有一些未知领域等待我们去探索。随着科学家、工程师等研究者的不断努力，我们可以期待，深度学习在未来将实现更大的突破，给我们带来更多令人惊喜的应用。这些进步将进一步推动人工智能技术的发展，使其在各个方面更好地为人类服务。

未来，深度学习不会局限于现有的应用领域，而是将延伸到更广泛的场景中。例如，自动驾驶、智能制造、虚拟现实、生物信息学等领域，都将从深度学习技术中受益。深度学习技术有望引领我们进入一个全新的智能时代，带来更高效、人性化、绿色的生产方式和生活方式。

5. 深度学习的革命

作为一种强大的机器学习方法，深度学习已经引发了一场科技革命。自从人工神经网络在20世纪80年代被提出以来，深度学习领域经历了漫长的发展过程。在这个过程中，深度学习突破了许多技术瓶颈，逐渐成为人工智能的主流发展方向。下面将深入剖析深度学习的革命性成果，并讲述其背后的原因和意义。

我们首先要清楚为什么深度学习具有革命性。其中的一个关键原因是深度学习使得机器能够在处理非常复杂的问题上取得显著的成果。与之前的机器学习方法相比，深度学习能够从大规模数据中自动学习到更加复杂和抽象的表示。这使得深度学习在图像识别、语音识别和自然语言处理等领域取得了突破性的进展。

同时，深度学习的革命不仅仅局限于技术层面。在实际应用中，深度学习已经对许多行业产生了深远的影响。例如，在医疗领域，深度学习可以帮助医生更准确地诊断疾病；在自动驾驶领域，深度学习使得无人驾驶汽车能够识别道路和行人，实现安全驾驶。这些应用的成功充分展示了深度学习解决现实问题的潜力。

深度学习之所以能够引领科技革命，是因为其背后有三大驱动力：大数据、计算能力和算法创新。在过去的几十年里，互联网的普及导致了海量数据的产生。这些数据为深度学习的训练提供了充足的“养分”。同时，计算能力的飞速提升使得深度学习能够处理更大规模的数据和更复杂的模型。此外，算法方面的创新也推动了深度学习的发展。例如，激活函数、优化方法和网络结构的改进都为深度学习的性能提升提供了支持。

在深度学习引发的科技革命中，有一些具有代表性的事件和成果值得关注。2012 年，深度学习模型 AlexNet 在 ImageNet 图像识别挑战赛中取得了突破性的成绩，将错误率降低了近 50%，这一成果震惊了整个人工智能领域。自此，深度学习成为计算机视觉研究的核心。随后，深度学习在其他领域也取得了显著的突破。例如，2012 年，谷歌使用基于深度学习的语音识别技术，推出了一款语音搜索产品，大幅提升了语音识别的准确性；2015 年，微软和谷歌相继发布了基于深度学习的机器翻译系统，令机器翻译领域焕发新生。

在这个过程中，许多领域的传统方法被深度学习所取代。例如，在计算机视觉领域，手工设计的特征被深度学习自动学习的特征所替代；在自然语言处理领域，基于规则的方法被基于深度学习的端到端模型所取代。这些变革进一步证明了深度学习的革命性意义。

值得注意的是，深度学习引发的革命并非一帆风顺。在其发展过程中，也面临了许多挑战。例如，深度学习模型的训练需要大量的计算资源，这在一定程度上限制了其普及程度。此外，深度学习模型的可解释性较差，使得在某些安全性要求较高的场景中难以被信任。尽管如此，研究者一直在努力克服这些挑战，以推动深度学习的进一步发展。

展望未来，深度学习的革命仍在继续。新的算法、框架和应用不断涌现，推动人工智能领域的繁荣。随着技术的不断进步，我们有理由相信，深度学习将继续引领科技革命，为人类带来更多福祉。

2.3 神经网络：模拟大脑的思维方式

神经网络作为人工智能领域的核心技术之一，通过模拟人类大脑的神经结构来实现人脑的智能功能。下面将详细介绍神经网络的起源与发展、基本结构、训练与优化、应用领域等知识，帮助读者深入浅出地了解神经网络。

1. 神经网络的起源与发展

人类对神经网络的研究始于 20 世纪 40 年代，当时科学家试图模拟生物神经系统的工作原理，以期在计算机上实现类似的智能行为。经过几十年的探索和发展，神经网络技术逐渐成熟，并在许多领域取得了显著的成果。

早期的神经网络研究集中在感知器模型上，它是一种简化的神经元模型，可以实现简单的线性分类。然而，随着研究的深入，科学家发现感知器模型无法解决许多非线性问题，这使得神经网络的发展陷入了瓶颈。

直到 20 世纪 80 年代，一位科学家提出了一种新的神经网络模型——多层感知器，它通过增加隐藏层来解决非线性问题。此外，反向传播算法的提出为神经网络的训练提供了有效方法。这些突破性进展使得人们对神经网络领域的研究进入一个新的高潮。

进入 21 世纪，随着计算能力的提高和数据的爆发式增长，神经网络开始迅速发展，尤其是深度神经网络。深度神经网络通过堆叠多层神经元，使得网络具有更强大的表达能力和学习能力，为各种复杂任务的解决提供了可能。

2. 神经网络的基本结构

神经网络由多个层次的神经元组成，每个神经元与相邻层的神经元通过权重相连。这些权重可以理解为神经元之间的“强度”，它们在训练过程中不断调整，以便神经网络能更好地适应数据。

一个典型的神经网络包括输入层、隐藏层和输出层。输入层接收原始数据，隐藏层对数据进行处理和抽象，输出层给出最终的预测结果。隐藏层可以有多个，每个隐藏层包含若干个神经元。深度神经网络的“深度”指的是隐藏层的数量较多。

神经元是神经网络的基本单元，接收来自其他神经元的输入信号，并根据这些信号计算自己的输出。每个神经元都有一个激活函数，用于将输入信号转换为输出信号。常用的激活函数包括 Sigmoid、Tanh 和 ReLU 等。不同的激活函数具有不同的特性，我们可以根据任务需求选择合适的激活函数。

3. 神经网络的训练与优化

神经网络的训练过程可以看作一个优化问题的求解，目标是找到一组合适的权重，使得网络在处理给定任务时的性能达到最优。损失函数可以衡量神经网络的性能，它反映了预测结果与真实值之间的误差。常用的损失函数包括均方误差、交叉熵等。

训练神经网络的核心算法是梯度下降，它通过计算损失函数关于权重的梯度来更新权重。在具体应用中，我们可以采用随机梯度下降或者其变种算法，如 Adam、RMSProp 等。

除了基本的梯度下降算法外，还有许多技巧和方法可以用来优化神经网络，如正则化、批量归一化、残差连接等。这些技巧可以提高网络的泛化能力，加速训练过程，解决梯度消失和梯度爆炸等问题。

4. 神经网络的应用领域

神经网络在许多领域都取得了显著的成果，如计算机视觉、自然语言处理、推荐系统等。以下是一些具体的应用领域。

（1）图像识别。卷积神经网络在图像分类、物体检测和语义分割等领域取得了突破性进展，使得计算机视觉技术在各种场景中得到广泛应用。

（2）语音识别。循环神经网络及其变种，如长短时记忆网络和门控循环单元在处理序列数据方面具有优势，因此在语音识别和自然语言处理等领域得到了广泛应用。

（3）机器翻译。基于“编码器—解码器”结构和注意力机制的机器翻译模型，如 Transformer，已经在许多场景中取代了传统的统计机器翻译方法，显著提高了翻译质量。

（4）游戏智能。深度强化学习结合深度神经网络和强化学习，使得计算机能够在复杂的游戏环境中提高策略水平。

（5）生成艺术。生成对抗网络在图像生成、风格迁移和数据增强等方面表现出强大的能力，为计算机辅助艺术创作提供了全新的可能。

神经网络的应用领域仍在不断拓展，科学家正积极探索其在自动驾驶、医疗诊断、金融预测等领域的应用潜力。随着技术的进步和创新，神经网络有望成为人工智能领域的核心驱动力，推动社会向智能化方向发展。未来，神经网络将继续在各个领域深入发展，更多突破性成果将出现，推动人类社会实现更高层次的智能化。

2.4 强化学习

强化学习是一种自主学习方法，让智能体通过与环境交互，不断尝试、学习并优化自己的行为策略。与监督学习和无监督学习等其他机器学习方法相比，强化学习更注重探索与实践，而非仅依赖已有数据。其核心思想是让智能体在尝试过程中，根据环境给出的奖励信号，逐步调整行为策略，最终实现在给定任务中获得最大化的累积奖励。

1. 强化学习的基本概念

与强化学习有关的基本概念主要有以下几个。

（1）智能体（Agent）。在强化学习中，智能体是一个可以观察环境、执行动作并学习优化策略的实体。智能体的目标是学会在特定任务中，根据环境状态选择合适的动作以获得最大化的累积奖励。

（2）环境（Environment）。环境是智能体所处的外部世界，它可以是物理世界的模拟，也可以是虚拟的计算场景。环境会根据智能体的动作给出相应的奖励或惩罚，并提供新的状态信息供智能体学习。

（3）状态（State）。状态是环境在某一时刻的描述，它包含了智能体作决策时所需的全部信息。状态可以是离散的，如棋盘上的棋子分布；也可以是连续的，如机器人在空间中的位置和速度。

（4）动作（Action）。动作是智能体在某一状态下可以执行的操作。动作可以是离散的，如下一步棋；也可以是连续的，如调整飞行器的姿态角。

（5）奖励（Reward）。奖励是环境根据智能体的动作给出的反馈信号，它用于指导智能体调整策略。奖励可以是正值，表示某个动作是有益的；也可以是负值，表示某个动作是有害的。智能体的目标是学习一种策略，使得长期累积的奖励最大化。

2. 强化学习的主要方法

强化学习的主要方法有以下几个。

（1）动态规划（Dynamic Programming，DP）方法。动态规划

方法是一种基于贝尔曼方程（Bellman Equation）的求解方法。其核心思想是将复杂问题分解为更小的子问题，通过寻找子问题的最优解逐步获得复杂问题的最优解。DP 方法适用于已知环境模型的情况，但在实际应用中往往受到状态空间和动作空间过大的限制。

（2）蒙特卡罗（Monte Carlo，MC）方法。MC 方法采用随机采样的方式估计状态值函数或动作值函数。这种方法不依赖环境模型，适用于更广泛的场景。然而，MC 方法需要等待整个序列完成后，才能更新值函数，导致学习速度相对较慢。

（3）时序差分学习（Temporal Difference Learning，TD 学习）。TD 学习方法结合了 DP 和 MC 方法的优点，兼具了基于模型的方法和无模型的方法的特点。它允许在序列运行中实时更新值函数，使得学习速度更快。TD 学习方法的代表算法包括 SARSA 和 Q-learning 等。

（4）深度强化学习（DRL）。DRL 是将深度神经网络与强化学习相结合的方法。通过使用深度神经网络作为函数逼近器，DRL 可以处理复杂的、高维度的状态空间和动作空间。DRL 的代表算法包括深度 Q 网络、策略梯度和深度确定性策略梯度等。

3. 强化学习的应用领域

强化学习已经在如下许多领域取得了显著的成果。

（1）游戏。强化学习被应用于游戏智能体训练、游戏平衡调整、游戏人工智能开发等游戏细分领域，展示了强化学习在处理复杂问题方面的潜力。

（2）机器人控制。强化学习可以帮助机器人学习在复杂环境中进行自主控制、导航和执行任务。

（3）自然语言处理。强化学习可以用于对话系统、机器翻译等任务中，优化模型的生成策略。

（4）推荐系统。强化学习可以帮助推荐系统在面对动态环境和多样化用户需求时，自动调整推荐策略。

（5）金融领域。强化学习在股票交易、资产配置等金融领域方面，也取得了一定的研究成果。

4. 强化学习的挑战与前景

尽管强化学习已经在许多领域取得了显著的成果，但仍面临着一些挑战，主要体现在以下几个方面。

（1）抽样效率。强化学习通常需要大量的尝试和探索来学习最优策略。在实际应用中，如何提高抽样效率以减少学习所需的时间和成本成为一个关键问题。

（2）经验回放。深度强化学习中的经验回放技术可以帮助智能体充分利用历史数据进行策略优化。然而，如何选择有价值的经验、平衡探索未知领域与利用已有经验，仍然是值得研究的问题。

（3）传递学习与多任务学习。在现实世界中，智能体需要解决多种类型的任务。如何将已学到的知识迁移到新任务中，以及如何在多任务环境下进行有效学习，是强化学习领域亟待解决的问题。

（4）安全与稳定性。在现实应用中，强化学习智能体可能面临安全和稳定性的挑战。如何在学习过程中避免出现危险的行为，以及如何确保学习到的策略在不同环境中具有鲁棒性，成为研究的焦点。

强化学习作为人工智能的核心技术之一，已经在许多领域取得了显著的成果。然而，强化学习仍面临着一些挑战，如提高抽样效率、经验回放、传递学习与多任务学习以及安全与稳定性等。我们有理由相信，未来，强化学习将在更多领域取得突破，发挥重要作用。强化学习将为人类提供更多的智能化、自动化解决方案，助力未来社会的发展。

2.5 生成对抗网络

生成对抗网络（GAN）是一种深度学习技术，由伊恩·古德费洛（Ian Goodfellow）于2014年首次提出。

1. 生成对抗网络的原理与结构

GAN的核心结构包括生成器和判别器两个部分。生成器接收一个随机噪声向量作为输入，并输出一组尽可能逼真的虚拟数据；判别器则负责判断输入数据是生成器产生的虚拟数据还是真实数据。生成器和判别器通过这一博弈过程不断迭代，不断优化自身性能。

生成器和判别器通常采用深度神经网络实现。在训练过程中，生成器试图欺骗判别器，使其将生成的数据都判断为真实数据；而判别器则努力提高识别真伪数据的能力。训练过程中，两者不断博弈，直至达到某种平衡状态。

生成对抗网络的训练可以看作一个“最小—最大”博弈问题。

生成器的目标是最小化判别器的识别能力，而判别器的目标是最大化识别真伪数据的能力。训练过程中，生成器和判别器的损失函数互相影响，最终收敛于一个平衡点，使得生成器产生的数据足够逼真。

2. 生成对抗网络的应用领域

GAN 在众多领域都取得了显著的成果，具体如下所示。

（1）图像生成。GAN 可以生成高质量的图像，如人脸、自然景观等。它还具有图像插值、超分辨率重建等功能。

（2）图像转换。GAN 应用于图像转换，可以实现风格迁移、颜色调整、图像去噪等功能。

（3）数据增强。GAN 可以用于生成额外的训练数据，从而提高其他机器学习模型的性能。

（4）文本生成。尽管 GAN 主要应用于图像领域，但它也可以应用于文本生成。条件生成对抗网络可以生成具有特定主题、风格或语言特征的文本内容。

（5）语音合成和音频生成。GAN 可以用于生成逼真的语音和音频信号。例如，GAN 可以完成人声合成、音乐创作和音效设计等任务。

（6）药物发现。GAN 可以用于生成具有潜在药物活性的分子结构，从而加速药物研究进程。

3. 生成对抗网络的挑战与未来

尽管 GAN 在许多领域取得了令人瞩目的成果，但它仍然面临着如下一些挑战。

（1）训练不稳定性。GAN 的训练过程具有不稳定性，可能导致生成器产生低质量的数据或出现模式崩溃现象。

（2）评估指标。由于 GAN 产生的数据是无监督生成的，因此缺乏统一的评价指标来衡量生成数据的质量和多样性。

（3）高维数据生成。GAN 在处理高维数据时，可能会遇到梯度消失、梯度爆炸等问题，这给训练带来了困难。

（4）计算资源需求。GAN 的训练通常需要大量的计算资源，这限制了其在低资源环境下的应用。

尽管 GAN 面临诸多挑战，但是随着计算机硬件的不断发展以及新算法和新技术的出现，GAN 仍具有巨大的发展潜力。未来的 GAN 研究将进一步提高生成数据的质量、多样性和可控性，并扩展到更多领域，为人类带来更多创新成果和价值。

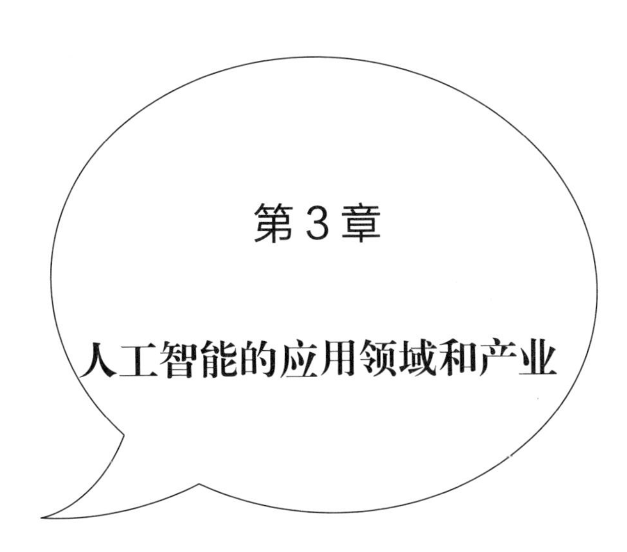

第3章

人工智能的应用领域和产业

面对人工智能的浩瀚宇宙，我们已经领略了它的发展历程、探索逻辑以及核心技术，这些都如同一把钥匙，打开了我们理解人工智能的大门。然而，要理解人工智能的真正价值，离不开分析它在各个领域和产业的应用。于是，本章我们将一起探索人工智能在一些领域和产业中的应用。

每一个领域的探讨，都将结合一些具体的案例，让读者更直观地感受人工智能的力量，而每一个案例，都能够展现人工智能在现实世界中的无限可能。笔者希望，通过阅读这一章，读者能从理论到实践，更全面地理解人工智能，并激发读者的想象力和创造力，看到人工智能带来的无限可能。

3.1 自动驾驶

自动驾驶无疑是人工智能技术在交通领域最具代表性的应用之一。当我们谈论自动驾驶技术时，通常指的是一种能够在没有人类干预的情况下，通过车辆自身的感知、计算和控制系统完成驾驶任务的技术。下面将深入浅出地探讨自动驾驶的发展历程、核心技术、应用现状、发展趋势以及社会对自动驾驶的期望和担忧。

1. 自动驾驶的发展历程

自动驾驶技术的发展可以追溯到 20 世纪 50 年代。早期的自动驾驶尝试主要集中在简单的车辆控制，如自适应巡航。随着技术的进步，自动驾驶领域取得了显著的突破。21世纪初，美国举办了一系列无人驾驶汽车竞赛，进一步推动了自动驾驶技术的发展。近年来，随着深度学习、计算机视觉和传感器技术的快速进步，自动驾驶汽车逐渐走向实际应用。

2. 自动驾驶的核心技术

自动驾驶的核心技术可以分为3个主要部分：感知技术、决策技术和控制技术。

（1）感知技术赋予自动驾驶汽车“眼睛”和“耳朵”，它通过搭载在汽车上的各种传感器（如激光雷达、摄像头、毫米波雷达等）来获取环境信息。这些传感器可以实时地捕捉周围物体的位置、速度、形状等信息，从而帮助汽车识别行人、其他车辆、交通信号灯等。此外，高精度地图和全球定位系统也是自动驾驶汽车的重要信息来源。

（2）决策技术赋予自动驾驶汽车“大脑”，它负责对感知到的环境信息进行分析和处理，以生成科学的驾驶策略。通过机器学习、深度学习等人工智能技术，自动驾驶汽车可以从大量的驾驶数据中学习，不断提高其驾驶策略的准确性和安全性。

（3）控制技术赋予自动驾驶汽车“手脚”，它负责将决策模块生成的驾驶策略转化为实际的操作指令，如加速、减速、转向等。通过精确地控制汽车的动力系统、制动系统和转向系统，自动驾驶汽车可以实现对行驶路线、速度和姿态的准确控制。

3. 自动驾驶的应用现状

自动驾驶技术的商业化进程正在加速。许多知名的汽车制造商和科技公司，如特斯拉、谷歌、百度等，都在积极开发自动驾驶汽车。这些公司的自动驾驶汽车已经在部分地区开展了公开的测试和示范运营。

此外，自动驾驶技术也开始在特定场景中得到应用，如无人驾驶的货运卡车、自动驾驶公交车和无人出租车等。这些应用不仅可以提高交通效率，还有助于减少交通事故和环境污染。

4. 自动驾驶的发展趋势

随着技术的不断进步和政策的支持，自动驾驶汽车有望在未来几年内实现大规模商业化。这将给人们的出行方式、城市规划和交通管理带来深刻的变革。

首先，自动驾驶汽车有望降低交通事故的发生率。据统计，大约 90% 的交通事故是由人为失误造成的。自动驾驶汽车可以消除人类驾驶员的疲劳、分心等不安全因素，从而提高道路安全性。

其次，自动驾驶汽车可以提高交通效率。通过精确的控制和智能调度，自动驾驶汽车可以缓解城市交通拥堵，提高道路通行能力。此外，自动驾驶汽车还可以降低能源消耗，减少环境污染。

最后，自动驾驶汽车将改变人们的出行习惯和生活方式。未来，人们可以在自动驾驶汽车上工作、学习或休息，从而提高生活质量。此外，自动驾驶汽车还将促进共享出行、智能物流等新业态的发展。

总之，自动驾驶技术将深刻地改变交通格局，为人们带来更加安全、便捷、绿色的出行体验。然而，这一技术的广泛应用也将面临众多挑战，如技术瓶颈、道路基础设施、法律法规、伦理道德等问题。在推动自动驾驶技术应用和普及的过程中，我们需要在创新与传统之间寻找平衡，以确保这一技术能够真正造福人类社会。

5. 社会对自动驾驶的期望和担忧

自动驾驶技术引起了社会各界的广泛关注。人们对自动驾驶汽车寄予厚望，期待它能够带来更安全、高效、环保的出行方式。然而，人们也对自动驾驶汽车的未来发展充满担忧。

一方面，自动驾驶汽车在某些复杂场景下的安全性仍然面临挑战。例如，在恶劣天气条件下，传感器的性能可能会受到影响，导致自动驾驶汽车的感知能力下降。此外，自动驾驶汽车在面对道路上的突发事件时，如何作出正确的决策也是一个亟待解决的问题。

另一方面，自动驾驶技术的广泛应用可能对就业市场产生影响。许多职业司机可能面临失业的风险，这无疑会增加社会的不安定因素。因此，在推广自动驾驶技术的过程中，我们需要关注这些潜在的社会问题，并寻求有效的解决方案。

此外，自动驾驶汽车在道德伦理方面也引发了一些争议。面临紧急情况时，自动驾驶汽车如何权衡道路上不同交通参与者的生命安全，是一个极具挑战性的问题。在这方面，设计者需要建立合理的伦理框架，引导自动驾驶汽车在复杂场景下作出恰当的决策。

总之，自动驾驶技术的发展和普及将给我们的生活带来深刻的影响。在享受这一技术带来的便利和价值的同时，我们也应关注它所带来的挑战和问题，以确保技术能够真正造福人类，实现持续、健康的发展。

3.2 智能制造

智能制造是人工智能技术与制造业的结合，旨在提高生产效率和产品质量、降低成本、满足消费者个性化需求。在实现智能制造的过程中，人工智能技术发挥着至关重要的作用。下面将介绍智能制造的发展背景、核心技术、应用案例和未来趋势。

1. 智能制造的发展背景

随着全球竞争加剧，制造业面临着诸多挑战，如提高生产效率、降低能耗、减少浪费、满足消费者日益多样化的需求等。在这种背景下，智能制造应运而生，成为制造业转型升级的重要方向。

智能制造的核心是将人工智能技术与制造业深度融合，实现生产过程的自动化、智能化和柔性化。这一理念源于工业 4.0 的发展，旨在通过引入先进的信息技术和智能技术，提升制造业的竞争力和创新能力。

2. 智能制造的核心技术

智能制造涉及多项核心技术，主要包括以下几项。

（1）机器视觉技术。机器视觉技术可以帮助机器人识别、定位和跟踪物体，从而实现精确的操控和操作。此外，机器视觉技术还可以用于检测产品质量，确保生产出来的产品符合质量标准。

（2）机器学习与深度学习技术。通过利用大量数据训练模型，机器学习和深度学习技术能够对生产过程中的各种问题进行智能分析和预测。这有助于提高生产效率、降低机器维护成本，同时提升产品质量。

（3）云计算与大数据技术。云计算和大数据技术为智能制造提供了强大的计算能力和海量的数据存储空间。这使得制造企业可以实时收集、分析和管理生产数据，以优化生产过程、提高决策效率。

（4）物联网技术。物联网技术将生产设备与网络连接起来，实现设备之间的实时通信和数据共享。这有助于构建智能制造系统，实现设备自动化和协同作业，从而提高生产效率、降低能耗。

（5）数字孪生技术。数字孪生技术能将物理设备与其虚拟模型相结合，使得制造企业可以在虚拟环境中对生产过程进行仿真、优化和调整。这有助于降低试错成本，提高生产线的设计和运行效率。

3. 智能制造的应用案例

智能制造已经在许多领域取得了显著的成果，以下是一些具体的应用案例。

（1）汽车制造。在汽车制造领域，人工智能技术的应用极为广泛，包括智能装配、质量检测、供应链管理等。例如，特斯拉公司通过引入先进的机器人和人工智能技术，打造了高度自动化的生产线，提高了生产效率和产品质量。

（2）电子产品制造。在电子产品制造过程中，人工智能技术可以提高生产精度、降低缺陷率，从而满足消费者对高品质产品的需求。例如，苹果公司利用人工智能技术优化生产过程，实现了高效率、低成本的智能制造。

（3）医药制造。在医药制造领域，人工智能技术可以帮助企业加速新药研发，降低生产成本，提高药品质量。例如，拜耳等全球知名制药企业利用人工智能技术优化其生产流程和管理模式。

此外，在制造领域，人工智能机器人已经得到了广泛的应用。人工智能机器人可以在流水线上执行各种任务，提高生产效率。例如，ABB 集团的 YuMi 机器人可以通过视觉和触觉传感器识别物体，并在组装过程中与工人协作。

4. 智能制造的未来趋势

随着人工智能技术的不断发展，智能制造将继续引领制造业的创新和升级。未来，智能制造将呈现以下趋势。

（1）更高程度的自动化与智能化。随着机器学习、深度学习和强化学习等技术的发展，未来的智能制造将实现更高程度的自动化和智能化，从而进一步提高生产效率、降低生产成本。

（2）个性化产品与定制化服务。在消费者多样化需求的驱动下，生产制造模式更加灵活，企业能够为客户提供个性化的产品和定制化的服务。

（3）数字化与网络化的生产环境。借助物联网、云计算和大数据等技术，未来的智能制造将构建数字化、网络化的生产环境，实现跨地域、跨企业的协同制造和资源共享。

（4）可持续发展和绿色生产。智能制造有助于提高资源利用效率，降低能耗和排放，从而实现可持续发展和绿色生产。未来，制造业将更加注重环境保护和社会责任，实现经济、环境和社会的和谐发展。

（5）产业链的深度融合。智能制造将推动制造业与其他产业的深度融合，形成跨界创新和产业升级的新动力。这将有助于构建更加高效、灵活和可持续的产业链体系。

总之，智能制造作为人工智能技术在制造业的重要应用领域，将继续引领制造业的创新和发展。未来，智能制造将更加注重人、机、物的协同和共享，实现更高效、绿色、智能的生产，为人类社会的进步和繁荣创造更多价值。

3.3 虚拟助手

在信息化时代的今天，虚拟助手已成为人们生活和工作中的得力助手。随着人工智能技术的发展，虚拟助手的功能越来越强大，能够满足人类更多的需求。下面将介绍虚拟助手的发展历程、核心技术、应用领域、商业价值以及面临的挑战与未来展望，以揭示虚拟助手的奥秘。

1. 虚拟助手的发展历程

虚拟助手作为一种基于人工智能技术的辅助工具，其发展历史可追溯到 20 世纪 90 年代。当时，计算机科学家尝试利用计算机技术来模拟人类智能，以完成一些简单的任务。随着技术的迅猛发展，虚拟助手不断升级，逐渐成为人们日常生活中不可或缺的一部分。

从早期的桌面助手（如微软的 Clippy），到如今的智能语音助手（如苹果的 Siri、谷歌助手、亚马逊的 Alexa 等），虚拟助手的发展经历了多个阶段。在这个过程中，语音识别、自然语言处理、语义理解等技术得到了快速发展，使得虚拟助手能够更好地理解和执行人类的命令。

2. 虚拟助手的核心技术

虚拟助手的核心技术主要包括语音识别、自然语言处理、语义理解和知识图谱等。这些技术共同构成了虚拟助手的智能体系，使其具备与人类自然对话的能力。

（1）语音识别。语音识别是指将人类的语音信号转换为计算机可以理解的文本信息。在虚拟助手的发展中，语音识别技术起到了极为重要的作用，使得虚拟助手能够通过语音与人类交流。

（2）自然语言处理。自然语言处理是指让计算机能够理解和生成自然语言。自然语言处理技术可以帮助虚拟助手分析和处理用户的文本信息，从而生成符合语法规则的回复。

（3）语义理解。语义理解是指让计算机能够理解自然语言的含义。语义理解技术使得虚拟助手能够分析用户的需求和意图，为用户提供更为精确的服务。

（4）知识图谱。知识图谱是一种描述客观世界中的实体及其之间关系的数据结构。知识图谱技术可以使虚拟助手具有存储和管理大量知识信息的能力，为用户提供更为丰富的内容和服务。

3. 虚拟助手的应用领域

随着虚拟助手技术的不断完善，其在多个领域的应用也越来越广泛。以下是一些常见的虚拟助手应用场景。

（1）智能家居。虚拟助手可以与各种智能家居设备连接，实现远程控制、语音操控等功能，为用户提供便捷的生活体验。

（2）个人助理。虚拟助手可以帮助用户管理日程、设定提醒、查询信息等，成为用户的贴身小助手。

（3）客户服务。虚拟助手在客户服务领域的应用可以大幅减轻人工客服的负担，提高客户满意度。例如，虚拟助手可以用于在线咨询、订单处理、投诉处理等。

（4）教育培训。虚拟助手可以为学生提供个性化的学习建议和辅导，助力学生提升学习效果。同时，虚拟助手还可以辅助教师教学，提高教学质量。

（5）医疗健康。虚拟助手可以为用户提供健康咨询、疾病诊断、用药指导等服务，成为用户的随身医生。

4. 虚拟助手的商业价值

随着虚拟助手技术的逐步成熟，越来越多的企业开始关注并投资虚拟助手领域，试图在这个新兴市场中分得一杯羹。虚拟助手可以帮助企业降低人力成本、提高工作效率，具有巨大的商业价值。

例如，通过部署虚拟助手，企业可以实现24小时不间断地为客户提供服务，提高客户满意度；在内部管理方面，虚拟助手可以协助员工处理日常工作，提高工作效率。此外，虚拟助手还可以作为品牌形象的一部分，吸引更多的消费者关注。

5. 虚拟助手面临的挑战与未来展望

虽然虚拟助手在很多方面取得了显著的成果，但也面临着一些挑战。以下是几个值得关注的挑战。

（1）语言和文化障碍。虚拟助手在全球范围内的推广和应用需要克服语言和文化的障碍。虽然目前已经有多种语言版本的虚拟助手，但对于一些小众语言和地区性文化，虚拟助手的适应性仍有待提高。

（2）安全和隐私问题。虚拟助手需要收集和处理大量用户数据，如何确保数据的安全和隐私成为一个亟待解决的问题。企业和开发者需要采取严格的安全措施，保护用户的隐私和权益。

（3）人工智能伦理问题。随着虚拟助手技术的发展，人工智能伦理问题逐渐引起人们的关注。例如，虚拟助手在为用户提供服务时可能会出现歧视、偏见等问题，如何确保虚拟助手的公正性和公平性成为一个重要课题。

虽然面临一些挑战，但是虚拟助手的未来发展仍然充满希望。随着技术的进步，虚拟助手将变得更加智能化、人性化，能够更好地满足人们的需求。我们有理由相信，虚拟助手将成为人类社会发展的一个重要驱动力。

总之，虚拟助手作为一种新兴的人工智能应用，已经在各个领域取得了显著的成果。随着技术的不断发展，虚拟助手将为人类带来更多的便利和惊喜。而我们需要做的，就是在享受虚拟助手带来的便利的同时，积极面对和解决其带来的挑战，让虚拟助手为人类的发展贡献更多力量。

3.4 智能投资

1. 智能投资的概念与发展

智能投资（Intelligent Investing）是指运用人工智能技术辅助投资决策的一种投资方法。它通过分析大量的金融数据、市场趋势和投资者行为，为投资者提供有针对性的投资建议和策略。随着人工智能技术的飞速发展，智能投资已经成为金融领域的一个热门话题。

早在20世纪80年代，人们就开始尝试将计算机技术应用于金融投资领域。随着技术的不断进步，智能投资逐渐发展成为一门独立的学科。近年来，随着大数据、云计算、人工智能等技术的迅速发展，智能投资得到了前所未有的关注，越来越多的投资者开始尝试使用智能投资工具来提高投资回报率。

2. 智能投资的主要应用

人工智能技术在投资领域的应用日益广泛，主要包括以下几个方面。

（1）股票市场分析。通过运用自然语言处理、情感分析等技术，智能投资系统可以分析大量的新闻报道、社交媒体信息和公司公告，以挖掘潜在的投资机会。此外，系统还可以分析历史数据，识别出市场运作的潜在规律，为投资者提供有价值的投资建议。

（2）量化交易。智能投资系统可以根据预设的算法和策略，自动执行大量的买卖操作。这种方式可以避免人为因素对投资决策的干扰，提高投资回报率。量化交易在股票、债券、期货、外汇等金融市场中均有广泛应用。

（3）风险管理。智能投资系统可以通过大数据分析，实时监控投资组合的风险状况，并根据预设的风险策略自动调整投资组合。这种方式可以降低投资风险，提高资产配置的效率。

（4）财富管理。智能投资系统可以根据投资者的风险偏好、投资目标和时间限制，为投资者提供个性化的投资建议。这种方式可以帮助投资者实现财富增值，并规避潜在的投资风险。智能投资在财富管理领域的应用，使得越来越多的投资者能够在投资过程中获得专业化、个性化的服务。

3. 智能制造的应用案例

接下来，我们将通过一些实际案例，来进一步了解智能投资是如何在金融领域发挥作用的。

案例一：Betterment

Betterment 是一家在线财富管理公司，成立于 2008 年。通过运用人工智能和大数据分析技术，Betterment 为用户提供了一种全新的投资体验。用户只需在线回答一些关于风险承受能力、投资目标和时间限制等问题，Betterment 便会自动生成一份个性化的投资组合，并实时监控市场变化，自动调整投资策略。这种方式为投资者节省了大量的时间和精力，同时提高了投资回报率。

案例二：Kensho

Kensho 是一家金融科技公司，成立于 2013 年。它运用自然语言处理和机器学习技术，为金融机构提供实时的市场分析和预测服务。Kensho 的智能分析系统可以迅速对大量的金融数据进行深入挖掘，为投资者提供有价值的信息。

4. 智能制造面临的挑战与未来展望

尽管智能投资已经在金融领域取得了显著的成果，但仍面临着诸多挑战。

首先，人工智能技术有待进一步提升，以满足金融领域对精确度和实时性的高要求。

其次，随着智能投资的普及，市场竞争日益激烈，导致投资回报率逐渐下降。

再次，随着监管政策的不断调整，智能投资需要不断适应新的法律、法规和政策环境。

最后，智能投资有望推动金融行业的绿色发展，促进资本向有益于社会和环境保护的项目流动。

虽然智能投资仍然面临着许多挑战，需要我们不断创新和努力，但是从长远来看，智能投资的发展前景依然光明。

智能投资作为人工智能技术在金融领域的重要应用，已经为投资者带来了显著的效益。随着人工智能技术的不断创新和进步，智能投资将会变得更加智能化、个性化和高效化。此外，金融科技的发展将会促使智能投资的普及程度更高，让更多的普通投资者受益。站在科技发展的新起点上，我们有理由相信，智能投资将会使金融领域拥有更加美好的未来。

总而言之，人工智能技术的广泛应用为我们的生活带来了诸多便利，它将继续拓展其应用领域，为我们创造出更多的可能性。

3.5 其他领域的应用

人工智能已经深入许多领域，从自动驾驶、智能制造到虚拟助手、智能投资，但这还远远不够。下面我们将探讨人工智能在其他领域的应用，如医疗、教育、娱乐、环保、农业等，以便更全面地了解人工智能技术的强大潜力。

1. 医疗领域

在医疗领域，人工智能的应用已经取得了显著的成果。它不仅能够帮助医生更准确地诊断疾病，制订治疗方案，还能够辅助手术。以下是一些具体的应用。

（1）诊断辅助。IBM 的 Watson 医疗助手可以在数秒钟内分析大量医学文献，为医生提供决策支持。此外，DeepMind 的人工智能系统可以通过分析视网膜图像，帮助医生诊断眼科疾病，其准确率甚至超过了专业医生。

（2）药物研发。传统的药物研发过程既耗时又昂贵，而人工智能可以极大地缩短这一过程。例如，美国的 Atomwise 公司利用人工智能技术进行药物筛选，可以在短短几周内找到潜在的新药，而传统方法需要数年。

（3）机器人手术。达·芬奇手术机器人是一种在世界范围内被广泛应用的手术辅助设备，它能够在医生的操作下完成精细、复杂的手术操作，如微创手术、心脏手术等。这种机器人手术设备的优点有更精确的操作、更小的创伤以及更快的康复速度。

2. 教育领域

人工智能在教育领域的应用日益广泛，为学生提供了个性化、高效的学习体验。以下是一些具体的应用。

（1）个性化教学。Knewton 是一家为学生提供个性化学习计划的公司。通过分析学生的学习行为、能力和兴趣，Knewton 可以为每个学生生成定制化的学习内容。这种个性化教学方法有助于提高学生的学习效果和兴趣。

（2）智能辅导。Carnegie Learning 开发的 MATHia 平台是一个智能数学辅导系统，可以实时分析学生的答题情况，根据学生的需求提供实时反馈和建议。这种智能辅导系统不仅能够让学生在课后得到有效的辅导，还可以帮助教师了解学生的学习进度，以便制订更合适的教学计划。

（3）虚拟实验室。Labster 是一家提供虚拟现实实验室的公司，旨在让学生在虚拟环境中完成实验操作。借助虚拟现实实验室，学生可以在安全、低成本的环境中掌握实验技能，为实际操作做好准备。

3. 娱乐领域

人工智能在娱乐领域的应用同样引人注目，为我们的生活带来了许多有趣的体验。以下是一些具体的应用。

（1）电影制作。人工智能技术可以分析电影剧本、观众评价等数据，为导演和制片人提供创作建议。例如，美国的ScriptBook公司利用人工智能技术预测电影的票房和评价，帮助电影公司更明智地选择剧本。

（2）游戏设计。在游戏行业，人工智能技术能够提升游戏体验。例如，一些游戏开发商开发智能非玩家角色（Non-Player Character，NPC），让它们具有更强大的交互能力，为玩家带来更真实、丰富的游戏体验。

（3）音乐创作。人工智能技术也可以在音乐创作中发挥作用。例如，AIVA——一个能够创作古典音乐的人工智能系统。它可以分析历史上著名作曲家的作品，学习其风格和技巧，并以此为基础创作全新的音乐作品。

4. 环保领域

在面临严峻的环境挑战时，人工智能技术能为我们提供有力的支持。以下是一些具体的应用。

（1）气候模拟。通过分析大量的气象数据，人工智能可以为气候学家提供更准确的气候模型。例如，英国的气象办公室（Met Office）利用人工智能技术预测气候变化，为政策制定者提供有力依据。

（2）能源管理。人工智能也可以帮助我们更有效地管理能源资源。例如，谷歌的 DeepMind 已经成功地将人工智能技术应用于其数据中心的能源管理，通过优化冷却系统和设备调度，有效降低了企业的能源消耗。这为全球范围内的能源管理提供了一个可行的解决方案。

（3）生态保护。保护地球的生物多样性是我们共同的责任。人工智能可以通过分析遥感图像、动物迁徙数据等信息，为生态保护工作提供关键支持。例如，美国的 Conservation Metrics 公司利用人工智能技术分析鸟类的叫声，以监测鸟类种群的变化，为野生动物保护工作提供依据。

5. 农业领域

除了上述几个领域外，人工智能还广泛应用于农业领域，在农业领域发挥重要作用。例如，美国的 Blue River Technology 公司研发了一款名为 See & Spray 的智能农业机器人，它可以识别不同的植物，精确施肥除草，从而提高农作物产量，减少环境污染。

综上可知，人工智能已经逐渐渗透到我们生活的方方面面。随着人工智能技术的进一步发展，其还会与更多的领域有深入的结合。

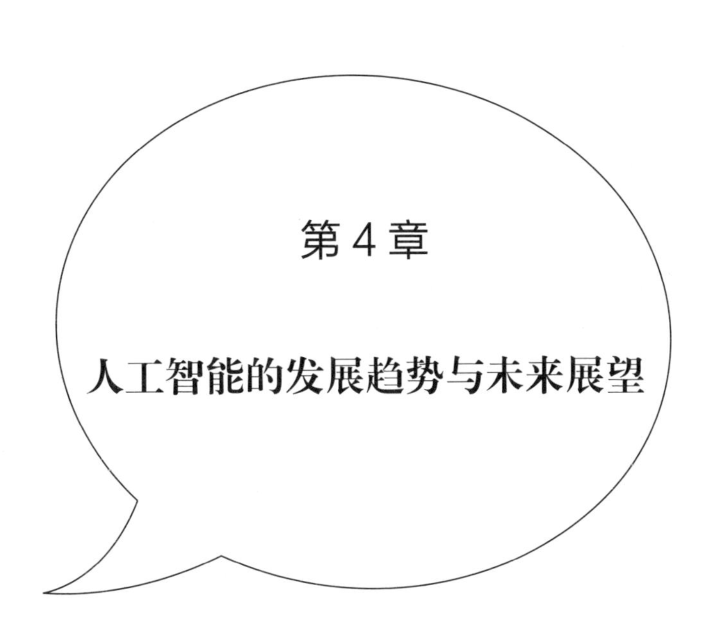

第4章

人工智能的发展趋势与未来展望

在了解了人工智能的历史及其核心技术，解析了其在多个领域的应用之后，我们必须面对更深层次的问题：人工智能的发展趋势如何？随着人工智能的发展，人工智能究竟会给社会伦理和社会发展带来哪些变革？在本章中，我们将一起探讨人工智能发展带来的这些问题。

人工智能这项强大的技术，正在重新定义我们的社会，改变我们的生活。但与此同时，它也带来了许多挑战：我们如何确保人工智能的公平性？我们如何保护自己的隐私？我们如何防止个人数据被滥用？我们如何确保人工智能的发展符合我们的价值观？这些都是我们必须正视的问题。对此，笔者通过关注人工智能的发展趋势，伦理、政策与监管以及人工智能的国际竞争与合作等问题，试图找到一个平衡点，帮助各主体既能充分挖掘人工智能的潜力，又能有效地管理其风险。

4.1 人工智能的发展趋势

我们首先要明确一点，人工智能的发展趋势是不可阻挡的。在未来的几十年里，人工智能将给我们的生活带来翻天覆地的变化。随着技术的迅猛发展，我们正处在一个前所未有的时代，人类社会正在经历一场伟大的变革。在这个过程中，人工智能扮演着一个重要的角色。而随着计算能力的提升、算法的优化和大数据的涌现，人工智能将继续保持其不可阻挡的发展态势。

下面是笔者总结的几点人工智能未来发展的关键趋势和方向。

1. 深度学习与神经网络的发展

深度学习和神经网络是人工智能发展的基石。未来，这些技术将更加先进，能够更加智能地模仿人类大脑的工作方式。这将使人工智能的学习过程更加高效，使人工智能能够更快地适应新环境和解决新问题。同时，神经网络的规模将更大、连接将更紧密，使人工智能在处理复杂任务时更具优势。

2. 通用人工智能

通用人工智能是指与人类智能水平相当的人工智能。它可以完成各种各样的任务，而不是局限于某一领域。随着人工智能技术的深入发展，人工智能将从弱人工智能向通用人工智能迈进。一旦通用人工智能问世，它将极大地提高生产力，为人类解决各种棘手问题提供有力支持。

3. 人工智能与生物学的融合

未来，人工智能将与生物学紧密结合，推动颠覆性的技术革新。例如，人工智能将帮助我们解析基因组，揭示生物体内的奥秘。此外，还将在药物研发、疾病诊断和治疗等领域发挥重要作用，极大地改善人类健康状况。

4. 人工智能与教育的结合

人工智能将在教育领域发挥越来越重要的作用。未来，人工智能教育将更加个性化，根据学生的兴趣、能力和进度为学生定制学习计划。这将使得教育资源的分配更加公平，同时有效地提高学生的学习效果。

5. 意识与情感的人工智能

随着人工智能技术的进步，未来的人工智能将具有自我意识和情感。这使得人工智能更加像人类，能够理解和处理复杂的社会关系和情感问题。这种具有情感智能的人工智能将在心理疾病治疗、人际沟通和人机互动等领域发挥重要作用。

6. 自主智能系统

未来，自主智能系统的普及范围更加广泛。自主智能系统能够在不需要人类干预的情况下自主完成任务，如无人驾驶汽车、无人机和智能家居。自主智能系统将使我们的生活更加便捷，提高生产效率，但也有可能带来新的挑战和安全隐患。

7. 人工智能与艺术的融合

人工智能将在艺术创作领域发挥越来越重要的作用。未来，人工智能可以帮助艺术家创作出更具创意的作品，如音乐、画作和文学作品等。同时，人工智能将在表演、电影制作和游戏设计等方面发挥重要作用，丰富我们的文化生活。

目前，人工智能已经为我们提供了诸多便利，使我们看到技术应用的无尽可能性，展现了一个充满希望的未来。在这个智能时代，跨学科合作变得尤为重要。人文科学、社会科学与技术领域需要携手并进，共同探索人工智能的发展与应用。通过跨界合作，我们可以确保人工智能技术在为人类带来便利的同时，充分尊重和维护人类的价值观与文化。

我们需要关注全球范围内人工智能发展不平衡的问题。科技发展的红利应该惠及全球，避免加剧数字鸿沟和社会不平等。通过国际合作和技术共享，每一个国家和地区都能充分享受人工智能技术带来的红利，共同迈向更美好的未来。

此外，可持续发展和环境保护也是人工智能未来发展中的重要问题。人工智能技术能够帮助人类更有效地利用资源、监测环境变化、降低碳排放、预测自然灾害。各国可以借助人工智能的力量，共同应对气候变化等全球性挑战。

人工智能的发展与每个人都息息相关，公众需要不断提高对人工智能的认知和理解。在这个智能时代，每个人都应具备一定的人工智能素养，以便更好地适应未来的变革。教育机构、企业以及相关方需要共同努力，提升对人工智能的认知，促进科技的应用与普及。

总之，人工智能将为我们带来前所未有的变革与挑战。我们要有信心迎接这些挑战，实现人类与人工智能的和谐共生，共创一个更加智能、繁荣、美好的未来。让我们携手迎接这个充满无限可能的智能时代，在人工智能创造的奇妙新世界中尽情探索。

4.2 人工智能伦理、政策与监管

随着人工智能技术的飞速发展，我们进入了一个崭新的时代。在这个时代，人工智能不仅为人类带来了前所未有的便利与机遇，也对传统的伦理观念、政策和监管体系提出了新的挑战。在接下来的内容中，我们将探讨人工智能伦理、政策与监管方面的问题，并以具体案例来展示这些问题的复杂性与挑战性。

人工智能伦理问题是指人工智能技术在发展过程中涉及的道德、伦理原则与价值观问题。例如，自动驾驶汽车的出现，使得道路上的交通事故问题变得越发复杂。当自动驾驶汽车在道路上遇到突发情况时，该如何选择行驶路线，以确保对人类生命安全的影响最小化？这是一个涉及生命价值、责任归属等伦理问题的具体案例。为了解决这类问题，人工智能研究者需要在技术研发过程中充分考虑伦理原则，确保人工智能系统在道德、伦理方面的可靠性。

政策与监管问题则是指随着人工智能技术的普及，监管机构需要对人工智能技术的应用进行监督、指导和调控，以维护公共利益和社会秩序。例如，近年来，人工智能技术在社交媒体平台上的广泛应用引发了人们对信息安全、隐私权、虚假信息传播等问题的关注。为了应对这些问题，监管机构制定了一系列政策措施，如建立信息披露机制、制定隐私保护措施、加强虚假信息监测与处罚等，以规范人工智能技术在社交媒体领域的应用，保障用户的权益。

在人工智能伦理、政策与监管方面，不同国家和地区的做法各不相同。例如，欧洲已经制定了一整套严格的数据保护法规，如

《通用数据保护条例》，旨在保护用户隐私，确保数据安全；美国则侧重于市场自律，鼓励企业自行制定并遵守数据保护规范。在不同国家和地区的政策与监管框架下，人工智能技术的发展与应用呈现出多元化的趋势，这无疑为人工智能领域的全球竞争和合作带来了新的机遇与挑战。

从全球视野来看，人工智能伦理、政策与监管问题的核心在于，如何在确保技术创新与发展的同时，维护社会公平、公正与可持续性。为此，国际社会已经展开了广泛的合作与对话。例如，联合国教科文组织提出了一个关于人工智能伦理的全球倡议，旨在建立一个共同的伦理框架，引导人工智能技术的研发与应用。此外，跨国公司、非政府组织和学术界也纷纷加入人工智能伦理、政策与监管的研究与探讨中，形成了一个多元化、跨界别的合作网络。

在人工智能伦理、政策与监管方面，还有许多未知的领域需要我们探索，有很多挑战需要我们应对。从大的层面来看，以下两个方面尤其值得我们关注。

（1）人工智能与国际安全。随着人工智能技术的应用不断拓展，人工智能给国际安全带来了新的挑战。在此背景下，各国需要在维护国家利益的同时，努力寻求国际合作与对话，以防止人工智能引发冲突和危机。

（2）人工智能与人类价值观。在人工智能技术与人类生活的融合更加深入的情况下，如何确保人工智能系统能够尊重并理解人类的核心价值观，是一个长期而复杂的议题。在这一过程中，我们需要深入思考自己的价值观和伦理原则，并将其融入人工智能系统的设计和应用中。

综上所述，人工智能伦理、政策与监管问题是人工智能技术发展过程中不可忽视的重要问题。在面对这些问题时，我们需要保持敏锐的观察力与前瞻性的思维，以便及时发现和应对潜在的风险与挑战。与此同时，国际社会需要加强合作与交流，共同建立一个公平、公正、可持续的人工智能发展框架。

正如一棵参天大树需要坚实的根基，人工智能技术的健康发展也离不开伦理、政策与监管的支撑。在这一过程中，我们不仅要关注技术本身的革新与突破，还要着眼于人类社会的需求和期待，不断丰富和完善人工智能伦理、政策与监管体系。只有这样，我们才能确保人工智能技术成为人类文明发展的关键动力，为世界带来更多福祉，推动人类社会繁荣。

在这个充满挑战与机遇的时代，我们需要展现出无畏的勇气和坚定的信念，共同面对人工智能伦理、政策与监管方面的诸多问题。正如航海家在茫茫大海上探索新的航线，我们也要在人工智能技术的浪潮中寻找正确的道路，创造一个更加美好的未来。

面对如此复杂的伦理、政策与监管问题，我们或许会感叹道："路漫漫其修远兮，吾将上下而求索。"然而，正是这种不懈的探索精神，激发了人类在人工智能领域取得一次又一次的突破。我们需要紧密团结在一起，共同面对风险与挑战，让人工智能的光辉照亮我们前进的道路。

面对人工智能伦理、政策与监管方面的未知世界，我们可以借鉴过去的经验，从中汲取智慧与力量。就如同古人在星空中寻找指引，我们也要在人类历史和文明的积淀中寻求启示。我们不仅要关注技术进步所带来的便利与利益，还要关心人类的生存与发展，关注社会的公平与正义，确保人工智能技术能够造福全人类。

4.3 人工智能的国际竞争与合作

在全球范围内，人工智能技术日新月异，如同破晓时分的曙光照亮了地平线。这片“曙光”所带来的机遇与挑战不仅改变了个人的生活方式，还重新塑造了全球商业格局。在这个飞速发展的时代，我们需要重新审视全球竞争、合作与人工智能产业生态，以便更好地把握未来的发展趋势。

在人工智能产业的发展中，各国和地区展现出独特的竞争优势。这种多样性如同生态系统中的物种多样性一样，为全球人工智能产业生态的繁荣与稳定提供了源源不断的动力。以下几个方面可以为我们揭示全球竞争、合作与人工智能产业生态的现状与发展趋势。

首先，我们需要认识到全球人工智能产业的竞争已经进入了一个新的阶段。在这个阶段，各国纷纷制定了一系列措施，以推动本国人工智能技术的研发与应用。与此同时，全球范围内的企业、学术机构和非政府组织也加入竞争中，使得全球人工智能产业的竞争越发激烈。

其次，竞争中也蕴含许多合作的契机。如同大自然中的共生现象，全球人工智能产业的竞争与合作相辅相成，共同推动着人工智能技术的发展与进步。在这个过程中，国际的技术交流、人才培养和资源共享等合作形式越发丰富，为全球人工智能产业的发展注入了新的活力。

最后，在全球人工智能产业生态中，一系列新兴商业模式诞生与发展。这些商业模式如同生态系统中的新物种，为人工智能技术的应用创造了更多可能性。例如，基于人工智能技术的智能制造、智慧农业、智能交通等，正在逐步改变传统产业的生产与运营方式，提高生产效率和资源利用率。此外，人工智能技术在金融、教育、医疗等领域的应用，为人们提供了更加便捷、高效的服务，提升了人们的生活品质。

然而，全球人工智能产业生态的发展也会给我们带来一系列挑战。这些挑战如同生态系统突变，使得全球人工智能产业生态的未来充满了不确定性。在应对这些挑战时，我们需要保持敏锐的观察力与前瞻性的思维，以便及时发现和应对潜在的风险与危机。以下几个方面可以为我们应对全球竞争、合作与人工智能产业生态带来的挑战提供方向指引。

首先，人工智能产业的发展引发一场全球范围内的人才争夺战。如同生态系统中的资源争夺，各国企业纷纷加大人工智能人才培养与引进的力度，以期在这场竞争中占得先机。如何保障人才顺畅、有序流动，以及如何避免人才资源分布极度不均衡，成为影响全球人工智能产业生态发展的关键问题。

其次，全球人工智能产业的发展也需要应对技术壁垒和保护主义的挑战。在全球范围内，各国对人工智能技术的投入和支持力度不一，导致技术发展水平和应用普及程度存在较大差距。在这一背景下，如何打破技术壁垒，推动全球人工智能产业的公平竞争与合作，对全球人工智能产业生态的繁荣与稳定具有重要意义。

最后，全球人工智能产业生态的发展还需要在数据安全与隐私保护方面寻求平衡。在全球范围内，各国对数据的获取和使用的规定和限制不同。如何在维护数据安全与用户隐私的前提下，实现数据的有效利用与共享，是全球人工智能产业生态发展面临的一大挑战。

总之，在全球竞争、合作与人工智能产业生态发展的过程中，各方需要携手共进，共同面对风险与挑战。引领全球人工智能产业生态走向繁荣与稳定。也需要共同面对全球竞争、合作与人工智能产业生态的挑战。通过深入了解各国和地区的政策、技术、人才等多方面因素，我们可以更好地应对全球竞争、合作与人工智能产业生态所带来的风险与不确定性。只有这样，我们才能在这个飞速发展的时代站稳脚跟，迈向更加美好的未来。

未来，全球人工智能产业生态将不断完善，为人类社会的可持续发展注入新的活力。企业、学术机构和非政府组织等各方力量需要联合起来，共同推动全球人工智能产业的公平竞争与健康发展。只有这样，才能在全球范围内实现科技的共享与进步，让人工智能技术惠及世界的每一个角落。同时，我们也需要重视全球人工智能产业生态中的新型商业模式和创新领域，以便为人工智能技术的应用开辟更多可能性。创新的思维和实践将成为驱动全球人工智能产业生态发展的关键力量。通过挖掘和培育新的商业模式，我们将为全球人工智能产业生态的繁荣与稳定提供源源不断的动力。

我们需要以更加开放和包容的心态，拥抱全球竞争、合作与人工智能产业生态所带来的变革与挑战。在这个充满希望与担忧的时代，我们需要勇敢地迈出探索的步伐，正视全球竞争、合作与人工智能产业生态所带来的问题。只有不断地尝试与改进，全球人工智能产业生态才能展现更加美好的发展蓝图。

笔者一直关注人工智能技术的发展与变迁，深感人类正站在一个崭新的历史起点。在这个起点上，我们需要拥有更加宽广的视野和更加缜密的思维，以应对全球竞争、合作与人工智能产业生态方面的诸多问题。我们将见证人类文明的新篇章，迎接一个由人工智能技术引领的未来。

第二部分

Part Two

ChatGPT 的使用及商业应用

第 5 章

ChatGPT 的使用

在人工智能丰富多彩的世界中，ChatGPT 无疑是一颗璀璨的明星。作为一种基于语言的人工智能，它在很多领域都有令人惊艳的表现。在本章中，我们将一同探索 ChatGPT 的使用及其商业应用。

5.1 ChatGPT 的发展背景与基本原理

我们在前文探讨了人工智能的基本概念、技术、发展趋势及其对我们生活的影响。作为人工智能技术中的一个重要分支，自然语言处理技术在过去的几年里取得了突飞猛进的发展。其中，一个典型的代表便是 ChatGPT（Chat Generative Pre-trained Transformer），它是一款基于 OpenAI 的 GPT-4 架构的大型语言模型。

下面将从 ChatGPT 的发展背景、基本原理等方面详细介绍 ChatGPT，以帮助大家更好地理解这一技术。

1.ChatGPT 的发展背景

自计算机诞生以来，人类就一直梦想着创造出能与人类进行自然语言交流的机器。然而，由于自然语言具有复杂性和多样性，因此这一目标长期以来难以实现。直到最近几年，随着深度学习技术的发展、计算能力的提升和大数据的涌现，自然语言处理技术取得了前所未有的突破。

在这个过程中，生成式预训练变压器（Generative Pre-trained Transformer，GPT）系列模型的出现成为重要的突破性里程碑。从 GPT-1 到 GPT-4，这一系列模型在自然语言理解、生成和多任务学习等方面取得了显著的成果，展现了强大的性能。尤其是 GPT-4，作为当前最先进的大型语言模型，其在各种自然语言处理任务上的表现已经接近甚至超越人类水平。ChatGPT 是基于 GPT-4 架构开发的一款大型语言模型，其背后凝聚了无数研究人员的智慧和努力。

2.ChatGPT 的基本原理

ChatGPT 的核心技术是基于 Transformer 架构的生成式预训练模型。“生成式”指的是模型可以生成新的文本，而“预训练”指的是模型在应用于具体任务之前已经在大量的文本数据上进行了训练。这使得 ChatGPT 能够学会理解和生成自然语言，具备强大的迁移学习能力。

Transformer 架构是 ChatGPT 的基石，它采用了自注意力机制来捕捉文本中的长距离依赖关系，并利用多层堆叠的方式提取丰富的语义信息。这使得 ChatGPT 在处理长文本、解决歧义和理解复杂语境方面具有优越性能。此外，Transformer 架构还具有强大的并行计算能力，可以充分利用现代硬件资源进行高效训练。

在预训练阶段，ChatGPT 使用大量的多领域文本数据进行训练，这些数据包括网页、书籍、报纸和论文等。通过这种方式，模型能学习到丰富的语言知识，包括语法、语义和常识等。值得注意的是，ChatGPT 采用了无监督学习的方式进行预训练，这意味着它在训练过程中没有接触到显式的标签信息，而是通过捕捉文本中的隐含规律来学习语言知识。

预训练完成后，ChatGPT 需要进行微调，以适应具体的应用场景。在微调阶段，模型会使用少量带有标签的数据进行训练，以便学习到与任务相关的知识。经过微调后的模型能够更好地理解用户的意图，生成符合预期的回复。

预训练和微调等过程，为 ChatGPT 形成强大的自然语言处理能力奠定了基础。

5.2 ChatGPT 的使用场景设置与模型优化

在上一小节中，我们已经对 ChatGPT 的基本原理进行了详细的分析。下面主要聚焦 ChatGPT 的使用方法，讲述 ChatGPT 使用场景设置与模型优化，帮助读者了解如何在实际应用中充分发挥这款先进大型语言模型的潜力和价值。

1. 使用场景设置

（1）明确目标任务。在使用 ChatGPT 时，我们首先需要明确目标任务，即我们希望模型完成的具体工作。目标任务可以是文本分类、命名实体识别、摘要生成、机器翻译等自然语言处理任务。明确目标任务有助于我们选择合适的模型和训练策略。

（2）数据准备。根据目标任务，我们需要准备相应的训练数据、验证数据和测试数据。在此过程中，我们需要确保数据的质量和数量，以便模型能够在有限的训练时间内获得性能提升。

（3）模型配置。根据目标任务和数据情况，我们需要选择合适的 ChatGPT 模型。这一步骤包括选择合适的预训练模型、设置合适的模型参数以及选择合适的优化器和损失函数等。合适的模型有助于提高目标任务完成效率和效果。

2. 模型优化

（1）微调。在预训练完成后，我们需要对 ChatGPT 进行微调，以使模型更好地适应目标任务。微调过程需要使用少量带有标签的数据进行训练。在实际应用中，微调过程可能需要针对特定任务进行多次尝试和优化，以使模型获得最佳的性能表现。

（2）正则化。为了防止模型过拟合，我们可以在训练过程中采用正则化技术。常用的正则化技术包括权重衰减、Dropout 以及 Early Stopping 等。通过合理地设置正则化参数，我们可以使模型在验证数据方面拥有更好的性能。

（3）模型融合。在某些情况下，我们可以通过模型融合技术进一步提升模型的性能。具体来说，模型融合是指将多个模型的预测结果进行加权或通过投票选择输出结果最多的类别，从而获得一个综合的预测结果。在实践中，模型融合通常能够带来性能的显著提升，尤其是在任务较为复杂的情况下。

（4）超参数调优。为了使模型的性能更强大，我们需要对模型的超参数进行调优。超参数调优的方法有很多，如网格搜索、随机搜索、贝叶斯优化等。通过合理的超参数调优，我们可以使用有限的计算资源，找到模型的最佳配置。

ChatGPT 作为一款先进的大型语言模型，在自然语言处理领域具有广泛的应用前景。通过使用场景设置和模型优化，ChatGPT的价值可以充分地发挥出来，为各种自然语言处理任务提供强大的支持。

然而，ChatGPT 在实际应用中仍面临着一些挑战，如数据不足、模型泛化能力、模型解释性、模型安全性和道德问题等。为了克服这些挑战，我们需要不断研究和探索新的技术和方法，推动人工智能技术向更高的层次发展。

5.3 ChatGPT 在企业运营中的应用

在这个信息爆炸的时代，越来越多的企业开始意识到：想要在竞争激烈的市场中脱颖而出，就要有更加高效、智能的运营方式。ChatGPT 这一先进的人工智能应用，正逐渐渗透到企业运营的方方面面，不仅改变了企业的运营模式，还为企业未来的智能化发展奠定了基础。接下来，我们将探讨 ChatGPT 在企业运营中的应用，并展望它将如何塑造未来的企业生态。

1. 顾客至上：客户服务与支持的变革

在过去，企业依靠人力为客户提供服务和支持。随着客户需求的多样化和个性化，企业面临越来越大的挑战。而 ChatGPT 的出现，打破了传统客户服务的局限，使企业能够更好地满足客户的需求。

首先，ChatGPT 具有很强的个性化服务能力，它可以根据每个客户的特点和需求，为其提供有针对性的解决方案。例如，在为客户解答产品使用问题时，ChatGPT 可以分析客户的使用习惯，提供更加贴合客户实际需求的建议。这种个性化服务将极大地提高客户满意度，有助于企业建立良好的口碑。

其次，ChatGPT 拥有持续学习和进化的能力。它可以不断从客户的反馈中学习，优化自身的知识库，以满足客户日益增长的需求。未来，随着人工智能技术的不断发展，ChatGPT 将能够更加精准地理解客户的意图，为他们提供更加贴心的服务。

2. 智能营销：颠覆传统的市场推广方式

在过去的市场营销过程中，企业依靠人力完成各种内容创作工作，如撰写广告文案、制定营销策略等。然而，随着市场竞争的加剧，企业需要更加高效、有针对性的营销手段。ChatGPT 的出现，为企业带来了全新的营销思路。

首先，ChatGPT 可以根据企业的需求和市场情况，快速生成各种类型的营销内容。这些内容不仅具有创意和吸引力，还能准确传达企业的品牌形象和价值观。这将极大地提高企业的市场推广效果，降低市场营销成本。

其次，ChatGPT 可以分析市场趋势和消费者行为，为企业制定更具针对性的营销策略。这将帮助企业更好地了解目标客户，提高营销活动的成功率。

我们可以预见，随着人工智能技术的进一步发展，ChatGPT 将在市场营销领域发挥更加重要的作用，引领企业走向智能化、个性化的营销新时代。

3. 无缝协作：重塑企业内部沟通与合作模式

在传统的企业运营模式下，内部沟通和协作往往受限于时间、空间等因素。然而，ChatGPT 的出现为企业带来了全新的沟通和协作方式，使得企业能够更好地应对日益复杂的市场环境。

首先，ChatGPT 可以作为一个智能助手，协助员工处理各种日常工作任务，如查询信息、撰写报告等。这将极大地提高员工的工作效率，降低企业的运营成本。未来，随着人工智能技术的不断进步，ChatGPT 将能够更好地理解员工的需求，提供更加智能、人性化的服务。

其次，ChatGPT 可以促进企业内部的知识共享和创新。通过整合、分析企业内部的各种信息，ChatGPT 可以为员工提供实时的知识支持，激发他们的创新潜能。我们可以预见，随着 ChatGPT 在企业内部的广泛应用，企业的协作模式将更加高效，企业能够实现更好的发展。

4. 人力资源的智能化：改变企业人才管理模式

在传统的人力资源管理模式下，企业需要投入大量的人力和时间来完成招聘、培训、绩效评估等工作。然而，随着 ChatGPT 的应用，企业的人力资源管理将迈向智能化，实现更高效、精准的人才管理。

首先，在招聘过程中，ChatGPT 可以按企业的需求自动筛选出合适的候选人，节省企业的时间和精力。未来，随着人工智能技术的进一步发展，ChatGPT 将能够更好地理解企业的需求，为企业找到匹配度更高的人才。此外，ChatGPT 还可以作为智能面试官，与候选人进行深入的交流，全面了解他们的能力和潜力。这将有助于企业找到更合适的人选，提高人才引进的成功率。

其次，在员工培训方面，ChatGPT可以根据员工的特点和需求，为他们提供个性化的培训内容。它可以通过智能问答、模拟对话等方式，帮助员工掌握新知识和技能。此外，ChatGPT还可以分析员工的学习进度和表现，为企业提供有关培训效果的反馈。未来，我们可以预见，随着人工智能技术的不断发展，ChatGPT将为员工提供更加丰富、多样化的学习资源，帮助他们实现更好的职业发展。

最后，在绩效评估方面，ChatGPT可以收集和整理员工的工作数据，对其工作表现进行全面、客观的评估。这有助于企业发现员工的优点和不足，制定更合理的激励政策和人才培养方案。同时，ChatGPT还可以为员工提供个性化的职业发展建议，帮助他们规划职业生涯。未来，随着ChatGPT在人力资源管理领域的广泛应用，企业的人才管理模式将更加智能、人性化。

综上所述，ChatGPT正在深刻地改变着企业运营的方方面面。从客户服务、市场营销，到内部沟通协作和人力资源管理，ChatGPT的应用无疑使得企业的运营模式更高效、智能。未来，随着人工智能技术的不断进步，我们可以预见，ChatGPT在企业中的应用将更加深入，构建一个智能化、高效的企业生态。而在这个过程中，企业需要不断地学习、创新和调整，以更好地适应这个变化的时代，实现可持续发展。

5.4 ChatGPT 在个人生活中的应用

如今，我们站在新一代数字技术的基石上，让我们携手迎接这个神奇而崭新的时代——ChatGPT 时代。在这个时代，人工智能正在改变我们的生活方式，让我们的生活变得更加丰富多彩。ChatGPT 作为人工智能技术的代表性应用，正在以惊人的速度成为我们生活中不可或缺的一部分。下面将探讨 ChatGPT 在个人生活中的应用，揭示其如何改变我们的生活。

我们先从 ChatGPT 在家庭生活中的应用入手，了解其对于我们的价值。想象一下，我们刚回到家，便有一位虚拟的私人助手欢迎我们。它可以帮助我们管理日常事务，提醒我们有重要的日程安排，甚至预测我们可能喜欢的晚餐菜单。这些听起来像科幻小说里的情节，事实上，这在不久的将来终会成为现实。

依托于 ChatGPT 技术，根据每个人的需求和喜好量身定制的个性化的虚拟助手将会出现。这意味着，在烹饪或做家务时我们不必手忙脚乱，因为虚拟助手已经为我们准备好了一切。

随着技术的进步，我们可以期待 ChatGPT 在未来数年内在我们的生活中发挥越来越重要的作用。例如，ChatGPT 可以帮助我们更好地规划家庭预算、分析支出，以确保我们的财务状况保持稳定。通过实时追踪我们的消费习惯，以及对市场趋势的敏锐洞察，ChatGPT 可以帮助我们制定出更加合理的财务规划，避免不必要的损失与浪费，实现财富升级。

此外，随着人们越来越多地与虚拟世界互动，ChatGPT 在教育领域的潜力也开始显现。ChatGPT 有助于创建个性化的在线学习环境，学生能够根据自己的需求和兴趣选择课程。同时，ChatGPT 可以根据每个学生的学习进度和能力，为其提供个性化的辅导和学习反馈，以提升学习效果。这将彻底改变教育方式，让学习变得更加灵活、有趣，让每个人都能够找到适合自己的学习方法。

在健康领域，ChatGPT 也展现出巨大的潜力。通过对大量医疗数据和研究成果的深入分析，ChatGPT 可以帮助医生更好地了解疾病，预测病情发展，从而为患者提供更加精确的诊断和治疗方案。开发者可以依托 ChatGPT 开发个性化的健康管理应用程序，这些应用程序可以根据每个人的生活习惯、饮食偏好和运动需求，为其提供定制化的健康建议。这将有助于我们更好地关注自己的身体状况，预防疾病，从而过上更加健康、美好的生活。

而在休闲娱乐领域，ChatGPT 同样具有无穷的魅力。以前，我们需要花费大量时间和精力来寻找新的音乐、电影或者书籍。而现在，通过与 ChatGPT 互动，我们可以轻松地获得根据我们的喜好、兴趣和过去的消费记录而生成的个性化的娱乐推荐。这意味着我们可以在更短的时间内发现更多有趣的内容，从而更好地享受闲暇时光。

ChatGPT 还可以为创意产业注入新的活力。无论是文学、艺术还是设计，ChatGPT 都能够为我们提供独特的灵感和创意。例如，作家可以通过与 ChatGPT 合作，创作出更加引人入胜的故事和更加鲜活的人物；艺术家可以利用 ChatGPT 创作出前所未有的视觉作品；设计师则可以借助 ChatGPT 的分析能力，找到新的设计理念和趋势。这将有助于激发更多的创造力，推动整个创意产业的发展。

当然，我们也要认识到，尽管 ChatGPT 为我们的生活带来了诸多便利和乐趣，但这并不意味着它是完美无瑕的。人工智能技术仍然存在一定的局限性，例如，难以理解复杂的人类情感、在某些特定场景下的适应能力不足等。因此，在享受 ChatGPT 带来的便利的同时，我们也需要保持警惕，防止对其过度依赖。

总之，ChatGPT 正在以前所未有的速度改变着我们的个人生活。从家庭管理到教育、健康、休闲娱乐，再到创意产业，ChatGPT 为我们带来无数的便利和惊喜。随着科技的不断发展和创新，我们有理由相信，ChatGPT 将会成为未来个人生活的核心要素之一。

然而面对这个日新月异的数字时代，我们也需要关注到一些潜在的风险。隐私问题是不容忽视的挑战，因为 ChatGPT 在为我们提供个性化服务的过程中，需要收集大量的个人信息。我们需要确保这些信息能够得到充分的保护，避免泄露和滥用。同时，我们还需要关注 ChatGPT 在道德和伦理方面可能带来的问题。例如，在何种程度上允许人工智能参与我们的日常决策，如何确保人工智能所提供的建议不会颠覆我们的价值观和信仰。

尽管存在诸多挑战，但我们有充分的理由相信，只要我们能够妥善应对这些问题，ChatGPT 将为我们的个人生活带来更多的价值。在未来的发展中，我们可以期待更多的创新和突破，让 ChatGPT 成为我们生活中更加强大、智能和贴心的伙伴。

5.5 ChatGPT在创新与创业中的应用

ChatGPT还能为创业者提供强大的支持。创业初期，创业者拥有的资源往往十分有限，且需要完成许多复杂的任务，如市场调研、撰写商业计划书、团队协作、与投资者沟通等。ChatGPT深刻地影响创业生态和创新模式，在很多方面为创业者提供有价值的资源和支持。

ChatGPT还可以为创业者提供关键的市场洞察。想要在瞬息万变的市场环境中创业，了解行业动态、竞争对手和消费者需求至关重要。通过实时分析海量数据，ChatGPT可以为创业者提供及时、准确的市场信息，帮助他们作出明智的决策。这能够帮助创业者在竞争激烈的市场中找到立足之地，实现持续增长。

从企业运营到创业实践，ChatGPT正以前所未有的力量推动创新与创业高质量发展。未来，创业生态将更加智能、高效、充满活力，每个人都有机会实现自己的梦想，创造更加美好的未来。

然而，ChatGPT并非万能。在利用这项技术推动创新与创业的过程中，我们也需要关注一些潜在的风险，如数据安全、隐私保护、道德伦理等问题。我们需要在充分发挥ChatGPT潜力的同时，采取适当的措施来应对这些挑战，确保技术的发展始终符合我们的利益和价值观。

在数据安全方面，需要有健全的数据保护制度，确保企业和创业者在利用ChatGPT分析和处理数据时，不会导致数据泄露或滥用。这将有助于维护企业和个人的利益，确保技术的可持续发展。

在隐私保护方面，需要设立明确的隐私政策和界限，确保ChatGPT 在为我们提供个性化服务的过程中，不会侵犯我们的隐私。这将有助于维护公众对技术的信任，促进技术在更广泛的领域得到应用。

在道德伦理方面，需要建立相关的法规和标准，明确人工智能技术在各种场景下的使用规范和限制。这将有助于确保技术的发展始终符合人类的价值观和道德观，防止技术带来不良影响。

总的来说，在未来的创新与创业领域，ChatGPT 将扮演越来越重要的角色。它将以前所未有的速度和力量推动人类社会的发展，创造出一个更加智能、高效、充满活力的世界。

第6章

ChatGPT 在教育、医疗、金融等领域的商业应用

ChatGPT 的应用领域十分广泛，能够在教育、医疗、金融等领域发挥积极作用。在本章中，我们将一同揭示 ChatGPT 在各商业领域的实际应用及其价值。

ChatGPT 这一强大的语言处理工具已经在许多领域展现价值，但是，如何将其技术优势转化为实际应用，是一个值得我们深入探讨的问题。让我们一起探索 ChatGPT 在各商业领域的应用，开启这场富有挑战的实践之旅。

6.1 ChatGPT 在教育领域的应用

在这个时代，教育的重要性不言而喻。随着人工智能技术的不断发展，许多行业都在发生深刻的变革，教育行业也不例外。作为一种先进的人工智能语言模型，ChatGPT 正在改变传统教育的形态，为教育领域带来许多创新的应用。

在传统的教育模式下，一位教师往往需要为数十名学生提供指导，很多学生得不到足够的关注。然而，随着 ChatGPT 的应用，这一局面正在发生改变。下面将展示 ChatGPT 在教育领域的多样化应用。

首先，我们来看一个名为“智慧课堂”的项目。这是一个由

ChatGPT 驱动的在线教育平台，它能够根据每个学生的需求和兴趣为他们提供个性化的学习资源。在这个平台上，学生可以随时提问，ChatGPT 会以高度专业的方式为他们解答问题。此外，该平台还可以通过分析学生的学习数据为他们制订有针对性的学习计划，学生在个性化的教学环境中取得了更好的学习效果。

一个具体的案例是，在美国的一所中学中，一位名为 Alice 的英语教师在课堂上向学生介绍了智慧课堂。她鼓励学生在课后向 ChatGPT 提问，以便更好地掌握英语语法和词汇。在一个学期的时间里，Alice 发现学生的英语水平有了显著的提高，他们能更加自信地参与课堂讨论，甚至在课外主动与 ChatGPT 进行英语对话练习。

除了能够打造在线教育平台外，ChatGPT 还能帮助教师提升教学质量。例如，有一位名为 Tom 的历史教师，在备课时利用 ChatGPT 来获得更多关于历史事件的详细信息。通过这种方式，Tom 可以深入了解事件的历史背景，从而更好地向学生讲述事件的来龙去脉。此外，ChatGPT 还能帮助 Tom 为学生设计更有趣的课堂活动，提高学生的参与度和兴趣。

在 Tom 的课堂上，学生通过 ChatGPT 了解了古罗马帝国的历史，以及当时的政治、经济和文化。Tom 还将学生分成若干小组，每组需要通过与 ChatGPT 互动来挖掘一个特定历史事件背后的故事。这一教学方法激发了学生的兴趣，他们在课堂上积极讨论，甚至在课后自发地进行更多的研究。

同时，ChatGPT 还能辅助家长参与孩子的教育过程。例如，有一位名为 Linda 的家长，她的孩子在学习数学方面遇到了一些困难。Linda 通过与 ChatGPT 交流，获得了一些有效的学习方法和技巧，从而帮助孩子克服了学习难题，在孩子的教育过程中发挥了更加积极的作用。

Linda 发现，使用 ChatGPT 提供的学习方法和技巧，她的孩子在几周内就能够掌握以前难以理解的数学概念。这种进步让 Linda 感到惊讶，她将 ChatGPT 推荐给其他家长，让更多的孩子受益于这一先进的教育工具。

更值得一提的是，ChatGPT 在特殊教育领域的应用也取得了显著的成果。例如，对于自闭症儿童，ChatGPT 可以根据他们的需求和能力为他们提供个性化的学习资源。它可以通过与他们进行语言交流，帮助他们提高沟通技巧和社交能力。同时，ChatGPT 还可以分析自闭症儿童的行为模式，为教育工作者和家长提供有针对性的教育建议。如此一来，特殊教育变得更加高效，确保了这些孩子能得到更好的关爱和教育。

一个具体的案例是，在一家为自闭症儿童提供支持的非营利组织中，ChatGPT 被用于自闭症儿童日常生活技能培训。通过与 ChatGPT 互动，孩子们学会如何更好地与他人交流，树立自信。这家组织中的教育工作者发现，ChatGPT 的应用极大地提高了孩子们的学习效果和生活质量。

值得关注的是，ChatGPT 在成人继续教育领域也具有广泛的应用前景。随着科技的飞速发展，许多成年人需要不断地学习新知识，以适应不断变化的职业环境。在这方面，ChatGPT 可以根据成人学习者的需求为其提供个性化的学习资源，帮助他们快速地掌握新技能。

此外，ChatGPT 还可以为企业提供培训解决方案，帮助员工提高工作效率和技能水平。以一家制造公司为例，为了提升员工的技能，该公司引入 ChatGPT 作为培训工具。通过与 ChatGPT 互动，员工能够快速了解新设备的操作方法、安全规范以及维修技巧。经过几个月的试运行，该公司发现员工的工作效率得到了显著提高，设备故障率大幅降低。

从以上案例中，我们可以看到 ChatGPT 在教育领域的应用逐步深入。然而，这并不意味着传统教育模式将完全被取代。相反，ChatGPT 应当被视为一种辅助工具，它能够提高教育质量，为学生、老师和家长提供更多的支持。

未来的教育将是传统教育和人工智能技术的融合。在这样的教育模式下，ChatGPT 将成为老师的得力助手，帮助他们更好地为学生提供个性化教学；ChatGPT 将成为家长的智慧顾问，让他们更好地参与孩子的成长过程；ChatGPT 将成为学生的忠实伙伴，陪伴他们度过充满挑战和乐趣的学习时光。

在知识经济时代，教育已成为推动社会进步的关键因素。而 ChatGPT 作为一项具有革命性的人工智能技术，为教育领域带来深刻的变革。面对这样的机遇与挑战，我们需要不断地探索和创新，充分发挥 ChatGPT 的潜力，推动教育模式创新发展。

未来，ChatGPT 在教育领域将会有更多的实践案例以及具体的落地成果。这些案例与成果将为我们提供宝贵的经验，帮助我们了解如何更好地利用 ChatGPT 技术推动教育的创新和发展。笔者将继续关注 ChatGPT 在教育领域的发展动态，与大家分享更多的实践成果和成功经验。

随着人工智能技术的不断进步，我们可以预见，ChatGPT 在教育领域的应用将越发丰富多样。在充满无限可能的未来，教育将变得更加智能、高效和包容，为每一个人提供公平的学习机会。

然而，我们也应时刻警惕人工智能技术带来的风险和挑战。在未来的探索中，我们需要始终关注技术伦理和人文关怀，确保技术的发展造福于我们，而不是我们被技术主宰。只有这样，才能真正实现技术与教育的和谐共生，共同迈向一个更美好的未来。

总之，ChatGPT 在教育领域的应用为我们揭示了一个充满希望和挑战的未来。未来，人工智能将成为驱动教育发展的重要力量，引领我们走向一个更加智能、公平的教育新时代。

6.2 ChatGPT 在医疗领域的应用

在这个信息爆炸的时代，医疗领域面临着巨大的挑战和机遇。越来越多的数据、研究成果和新兴技术推动医疗行业的发展，同时也给医生、研究人员和患者带来了巨大的压力。而 ChatGPT 的出现无疑为医疗领域带来了发展破局点，为我们展示了一个充满无限可能的未来。

医疗领域的挑战与机遇丰富多样，下面具体讲述 ChatGPT 如何在医疗领域发挥作用。

首先，我们需要关注一个重要的领域——疾病诊断。众所周知，准确诊断是治疗疾病的第一步。然而，病因复杂、一些疾病症状相似等原因，往往使得疾病诊断异常困难。在这种情况下，ChatGPT 可以通过分析大量的病例数据、研究报告和临床实践，为医生提供关于患者病情的宝贵建议。以某家医院为例，医生在诊断一种罕见疾病时，借助 ChatGPT，成功地为患者制订了合适的治疗方案，挽救了患者的生命。

其次，除了疾病诊断外，ChatGPT 还可以为药物研发提供支持。药物研发过程烦琐且耗时，研究人员需要分析大量的实验数据。而 ChatGPT 在分析这些数据时，可以快速找到关键信息，帮助研究人员筛选出具有潜力的候选药物。在一个知名的药物研究机构中，研究人员利用 ChatGPT，在短短几个月内成功地从数千种候选药物中筛选出了几种具有显著疗效的药物，极大地缩短了药物研发周期。

再次，ChatGPT 在医疗领域的应用还体现在患者管理上。随着慢性病患者数量不断增加，如何有效管理这些患者成为一个紧迫的问题。ChatGPT 可以作为患者的智能健康顾问，通过与患者沟通，为他们提供定制化的健康建议和治疗方案。例如，糖尿病患者可以通过与 ChatGPT 交流，了解如何合理饮食、适当运动，以及正确使用药物。ChatGPT 还可以根据患者的生活习惯和身体状况，实时调整治疗方案，确保患者得到最适合自己的治疗。这种个性化的健康管理，不仅提高了患者的生活质量，还减少了医疗资源的浪费。

最后，ChatGPT 在医疗领域的应用还体现在心理健康方面。在现代社会中，人们越来越重视心理健康问题。然而，心理医生的数量远远无法满足人们广泛的需求。ChatGPT 可以作为心理医生的辅助工具，帮助他们更好地了解患者的心理状态，提供有效的心理干预。在一个心理咨询中心的实践中，咨询师通过使用 ChatGPT 与患者进行深入的沟通，成功地帮助患者解决了一些长期困扰他们的心理问题，提高了治疗效果。

未来的医疗将呈现融合了传统医疗和人工智能技术的新兴业态。ChatGPT 将成为医生的得力助手，在疾病诊断、药物研发、患者管理和心理治疗等方面发挥更大的作用。同时，ChatGPT 也将成为患者的智能健康顾问，陪伴他们度过身体与心灵的治愈之旅。

随着人工智能技术的不断进步，我们有理由相信，ChatGPT 在医疗领域的应用将越发丰富多样。在充满无限可能的未来，医疗将变得更加智能、高效和人性化，为每一个人提供更好的医疗服务。

然而，在享受技术带来的红利的同时，我们也应时刻警惕技术带来的风险和挑战。技术是一把“双刃剑”，在医疗领域，技术研发和应用应充分考虑患者的隐私、安全和利益，确保患者数据的安全存储和合理使用。同时，我们也需要关注技术在医疗领域的公平性和可及性，避免造成数字鸿沟，让更多人享受先进技术带来的便利。

在美好的愿景中，我们可以看到一个充满希望的未来，一个由 ChatGPT 和其他人工智能技术共同构建的智能医疗世界。在这个世界里，疾病诊断将变得更加准确、高效，药物研发速度更快、成本更低，患者管理将更加个性化，心理治疗将更加深入、有效。无论是医生、研究人员还是患者，都能在这个全新的医疗生态中获益良多。

当然，这个美好的未来并非一蹴而就。为了实现这个目标，企业、科研机构等各方需要共同努力，推动人工智能技术在医疗领域的发展。例如，企业需要加大投入，培养更多的人才，加强跨界合作，确保技术在医疗领域的持续创新和应用。只有这样，我们才能逐步迈向一个更加美好的未来。

6.3 ChatGPT 在金融领域的应用

金融领域是一个既复杂又多元化的世界，从银行服务、证券投资到保险理财，涉及的知识和技能繁杂且多样。金融领域正在发生一场由 ChatGPT 引领的革命。这场革命不仅将重新定义金融机构提供金融服务的方式，还将改变金融行业的生态格局。下面讲述 ChatGPT 在金融领域的应用。

首先，ChatGPT 助力银行服务变革。传统的银行服务以柜台服务和电话咨询为主，但这种方式效率低下且易出错。有了 ChatGPT 的加持，银行可以借助人工智能助手为客户提供 7 × 24 小时的在线服务，无论是查询余额、转账汇款还是办理信用卡，客户只需在手机或电脑上输入指令，便可快速完成。同时，ChatGPT 还能根据客户的行为和需求，提供个性化的金融产品推荐，提高客户体验和满意度。这不仅降低了银行的运营成本，还提升了客户黏性，为银行带来更多的收入。

其次，在证券投资领域，ChatGPT 也大有可为。对于许多投资者来说，股票、基金和债券等金融产品复杂难懂，很难作出明智的投资决策。ChatGPT 可以帮助投资者分析市场数据、解读财务报表，为投资者提供定制化的投资建议。此外，ChatGPT 还可以用于定制量化交易策略，通过分析历史数据和实时行情，ChatGPT 能够为投资者提供更精确的交易信号，提高投资回报。这意味着，无论是个人投资者还是机构投资者，都可以借助 ChatGPT，实现投资收益的最大化。

最后，在保险理财领域，ChatGPT 同样大放异彩。保险产品种类繁多、条款复杂，令许多消费者望而却步。而 ChatGPT 可以成为消费者的贴心顾问，帮助消费者了解保险产品，选择适合自己的保险计划。同时，ChatGPT 还可以帮助保险公司优化理赔流程，提高理赔效率。借助 ChatGPT，保险公司可以利用其强大的数据分析能力，快速判断理赔申请的真实性，减少欺诈风险。此外，ChatGPT 还可以协助保险公司开发更具个性化的保险产品，以满足不同客户的需求，提高客户满意度，从而增强公司竞争力。

除了上述应用场景外，ChatGPT 在金融领域的应用还包括风险管理、反欺诈、智能客服等方面。例如，ChatGPT 可以帮助银行分析客户信用数据，为信贷审批提供有力支持；在反欺诈领域，ChatGPT 可以根据大量的交易数据，快速识别异常行为，提高银行的风险控制能力；在智能客服方面，ChatGPT 可以为客户提供全方位的金融服务，提高客户体验，降低客户流失率。

那么，ChatGPT 在金融领域的应用会给我们带来怎样的未来呢？

首先，金融服务将变得更加便利、快捷、智能和个性化。通过 ChatGPT，消费者可以随时随地获得金融服务，无须前往实体网点，节省了时间和精力。同时，金融产品和服务将更加贴合消费者的需求，消费者能够获得更好的金融体验。

其次，金融行业的竞争格局将发生变革。随着 ChatGPT 的广泛应用，传统金融机构将面临来自科技公司和新兴金融企业的竞争压力。只有那些能够充分利用 ChatGPT 技术的金融机构，才能在激烈的市场竞争中脱颖而出。因此，未来的金融行业将更加注重技术创新和数据驱动，以提高效率、降低成本和增强竞争力。

最后，ChatGPT将为金融行业带来更多就业机会。尽管人工智能技术在一定程度上可能取代一些传统的金融岗位，但同时也会催生出更多新兴职业，如金融数据分析师、人工智能金融顾问等。这些新兴职业需要金融行业从业人员具备更高的技术素养和创新能力，从而提高整个金融行业的人才工作水平。

总之，ChatGPT在金融领域的应用将为整个行业带来翻天覆地的变革。在这个过程中，金融服务变得更加智能、便捷和个性化，金融行业的竞争格局不断调整，新兴职业不断涌现。而对于我们普通消费者来说，这意味着我们将能够更轻松地获取金融服务，获得更高质量的金融体验。

然而，值得注意的是，虽然ChatGPT为金融领域带来了诸多利好，但我们也应警惕潜在的风险。例如，在金融市场中，过度依赖人工智能技术可能导致羊群效应，加剧市场波动。此外，随着金融数据的不断积累，数据泄露和隐私保护问题将成为不容忽视的挑战。因此，金融机构和监管部门在拥抱ChatGPT技术的同时，也应加强风险管控和合规建设，确保金融市场的稳定和安全。

展望未来，随着ChatGPT技术的不断发展和成熟，我们有理由相信，它将在金融领域发挥更加重要的作用。从个人投资者到大型金融机构，从银行服务到保险理财，ChatGPT将助力金融行业实现数字化、智能化和个性化转型升级，金融服务将更加高效、便捷和智能，为广大消费者实现财富自由提供助力。

在这个充满无限可能的时代，ChatGPT将为金融领域带来更多惊喜和突破，引领我们走向一个更加美好的未来。让我们一起见证这场由人工智能驱动的金融革命，共同探索财富自由的奥秘。在这个充满机遇和挑战的时代，我们要不断努力，为实现财富升级的梦想而奋斗。

6.4 ChatGPT 在其他领域的应用

ChatGPT 在众多领域展现出无穷的潜力，从而改变了我们的生活方式和工作方式。下面将讲述 ChatGPT 在一些非传统领域的应用，帮助读者更好地了解这种强大的人工智能技术是如何影响我们的未来的。

1. 法律领域

ChatGPT 在法律领域已经有所应用，例如，许多律师事务所已经开始利用 ChatGPT 打造智能助手来为客户提供高效且专业的法律咨询服务。通过分析大量的法律文献、判例和法规，ChatGPT 智能助手可以帮助律师更快地找到相关信息，从而缩短研究时间，提高工作效率。此外，一些公司利用 ChatGPT 协助编写合同和其他法律文件，以确保文件的准确性和合规性。

2. 艺术领域

在艺术领域，ChatGPT 同样发挥着重要作用。越来越多的艺术家和创作者利用 ChatGPT 创作内容。例如，作家可以利用 ChatGPT 生成故事情节、角色和对话，从而拓展他们的创意空间；音乐家和作曲家可以通过 ChatGPT 生成新的旋律与和声，创作出独一无二的音乐作品。

3. 新闻传媒领域

在新闻传媒领域，ChatGPT 也大有可为。一些新闻机构已经开始尝试利用这种人工智能技术生成新闻报道和文章。这不仅可以提高新闻报道的速度，还可以减轻记者的工作负担，让他们有更多的时间和精力关注深度报道与调查性新闻。同时，ChatGPT 还可以用于对新闻内容进行智能推荐，让读者更轻松地找到感兴趣的文章。

4. 人力资源领域

在人力资源领域，ChatGPT 发挥出了其独特的价值。许多企业已经开始利用 ChatGPT 来协助招聘和选拔人才。通过分析候选人的简历和背景资料，ChatGPT 可以帮助企业找到最合适的人选。同时，ChatGPT 还可以用于员工培训和绩效评估，以提高企业的人力资源管理水平。

5. 环保和可持续发展领域

在环保和可持续发展领域，ChatGPT 同样大显身手。一些研究机构和企业已经开始利用 ChatGPT 来预测环境变化和气候变暖所带来的影响，从而为政策制定者和环保组织提供更为精准的数据支持。同时，ChatGPT 还可以帮助研究人员筛选出更具潜力的可持续能源技术和环保创新方案，进一步推动全球环保事业的发展。

6. 城市规划和建筑设计领域

在城市规划和建筑设计领域，ChatGPT 发挥着越来越重要的作用。通过对大量的城市规划数据和建筑设计案例进行分析，这种人工智能技术可以为规划师和设计师提供有益的建议和启示。这不仅有助于提高城市规划的科学性和合理性，还可以推动建筑设计领域的创新和发展。

7. 心理学领域

在心理学领域，ChatGPT 的应用呈现出广阔的前景。许多心理治疗师已经开始尝试利用 ChatGPT 为患者提供心理咨询服务。与传统的面对面咨询相比，基于 ChatGPT 的在线心理咨询不仅可以帮助患者消除心理障碍，还可以使治疗过程更加便捷和高效。同时，ChatGPT 还可以帮助心理学家更快地找到相关研究资料和案例，从而提高他们的研究水平。

8. 农业领域

在农业领域，ChatGPT 具有巨大的应用潜力。通过对大量的农业数据进行分析，这种人工智能技术可以为农民提供精准的种植建议，帮助他们提高农作物产量和质量。此外，ChatGPT 还可以协助农业科研人员开发新的耕作技术和农业管理方案，以应对全球粮食安全和农业可持续发展的挑战。

9. 交通领域

在交通领域，ChatGPT 已经开始改变我们的出行方式。从公共交通规划到自动驾驶汽车的研发，这种人工智能技术为我们提供了更为智能和高效的解决方案。例如，通过对大量的交通数据进行分析，ChatGPT 可以为城市交通规划师提供有益的建议，以解决交通拥堵和公共交通资源不足的问题。此外，ChatGPT 还可以协助自动驾驶汽车进行实时的路况分析和决策，从而提高驾驶安全性和舒适度。

10. 旅游领域

在旅游领域，ChatGPT 发挥着越来越重要的作用。越来越多的旅游企业和平台开始利用 ChatGPT 为游客提供个性化的旅行建议和服务。通过对大量的旅游数据和用户反馈进行分析，ChatGPT 可以为游客推荐最合适的旅行路线、景点和住宿，从而提高游客的旅游体验。同时，ChatGPT 还可以帮助旅游行业从业者更好地了解游客的需求和喜好，从而为他们提供更为精准和令他们满意的服务。

11. 零售和电商领域

在零售和电商领域，ChatGPT 的应用价值同样不容小觑。许多零售商和电商平台已经开始利用 ChatGPT 为消费者提供智能推荐和客户服务。通过对大量的消费数据和购物行为进行分析，ChatGPT 可以为消费者推荐最合适的商品，从而提高消费者的购物体验和购物满意度。同时，ChatGPT 还可以协助零售商和电商平台进行库存管理和销售预测，以实现更为高效和精准的供应链管理。

12. 物联网领域

在物联网领域，ChatGPT 也具有巨大的应用潜力。随着越来越多的设备和物品连接到互联网，我们需要更为智能和高效的技术来管理和控制这些设备。ChatGPT 可以为物联网设备提供实时的数据分析和决策支持，从而实现更为智能和高效的设备管理。此外，ChatGPT 还可以协助开发者和工程师开发新的物联网应用和服务，以打造智慧城市和智能家居。

13. 能源领域

在能源领域，ChatGPT 有望帮助科研人员和企业找到更为高效和环保的能源解决方案。通过对大量的能源数据和研究成果进行分析，ChatGPT 可以为能源政策制定者和企业提供有益的建议，从而推动全球能源转型和可持续发展。

14. 社会治理领域

在社会治理领域，ChatGPT 同样具有巨大的应用潜力。相关部门和公共机构可以利用 ChatGPT 进行数据分析和政策评估，以实现更为科学和高效的社会治理。同时，ChatGPT 还可以帮助公共服务提供者更好地了解和满足民众的需求，从而提高公共服务的质量和民众满意度。

15. 国际合作领域

在国际合作领域，ChatGPT 也可以发挥重要的作用。通过对大量的国际政治、经济和文化数据进行分析，ChatGPT 可以为国家之间或企业之间的国际合作提供有益的建议和支持，从而推动构建新型国际关系。

总而言之，ChatGPT 已经在很多领域取得了显著的成果，展现出强大的潜力和广阔的应用前景。随着人工智能技术的不断发展和完善，我们有理由相信，未来，ChatGPT将在教育、医疗、金融等领域发挥更加重要的作用，为人类的进步和发展作出更大的贡献。而我们作为个体，也应该密切关注这一领域的发展，不断学习和掌握相关技能，以便更好地利用这些先进技术提高我们的生活质量和工作效率。

未来，随着ChatGPT不断发展和普及，将有更多的领域受到其影响。从传统产业到新兴领域，从地球的一端到另一端，ChatGPT这一强大的人工智能应用将不断推动人类社会进步和发展，为我们创造一个更加美好的未来。

第三部分

Part Three

AI + 商业模式：如何改变世界

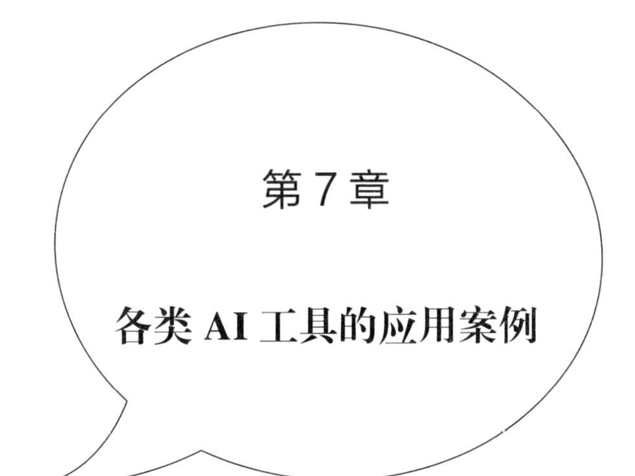

第7章

各类AI工具的应用案例

人工智能正在引领我们进入一个全新的时代。从深度学习到ChatGPT，从自动驾驶到推荐系统，各类AI工具正在改变世界。在本章中，我们将共同探索各类AI工具的应用，了解它们是如何深刻地改变着我们的社会和经济生活的。

在浩瀚的人工智能世界中，各种工具和技术都有其独特的价值。但是，技术真正的价值并不仅仅在于技术本身，更在于如何将这些技术应用于解决实际问题，应对商业挑战。

7.1 企业级AI工具的应用

当我们谈论AI时，我们往往会想到ChatGPT这样的强大工具。然而，AI的应用并不仅局限于此。许多企业已经开始采用各种AI工具，以提高生产力、降低成本，实现更高水平的创新。下面将探讨一些具体的企业级AI工具在各个领域的应用，展示这些工具如何在各个领域发挥作用，并为未来带来更多可能性。

1. 工业制造领域

企业级AI工具在工业制造领域的一个典型应用是使用AI进行智能生产调度。例如，通用汽车公司采用了一种名为Optessa的AI驱动工具来优化生产流程。通过对生产线中的各个环节进行智能调度和优化，该工具成功地提高了生产效率和质量，帮助通用汽车公司节省了大量的时间和成本。

2. 零售领域

企业级AI工具在零售领域也得到了应用。例如，阿里巴巴利用AI技术帮助零售商进行精准营销。阿里巴巴的推荐系统可以根据消费者的购买历史和兴趣爱好，为他们推荐最合适的商品。此外，阿里巴巴还使用AI技术进行智能库存管理，确保在关键时刻不会出现缺货或者库存积压的情况。

3. 金融领域

在金融领域，企业级AI工具也发挥着重要作用。例如，摩根士丹利公司开发了一款名为AlphaWise的AI驱动的投资研究工具。通过分析大量的财务数据和市场动态，该工具可以为投资者提供深入的见解和策略建议，帮助他们作出更明智的投资决策。

4. 人力资源领域

在人力资源管理方面，许多企业开始采用AI工具来提高招聘和员工管理的效率。例如，IBM公司开发了一款名为Watson Talent的AI工具，可以帮助企业自动筛选简历，为企业推荐最合适的候选人。同时，该工具还可以根据员工的能力和需求，为他们提供个性化的培训和发展建议。

5. 医药研发领域

在医药研发领域，企业级AI工具为企业带来了前所未有的机会。例如，谷歌的DeepMind团队利用AI技术进行新药研发。

DeepMind 团队开发的 AlphaFold 系统可以通过分析蛋白质结构，帮助科学家更快地发现新的药物分子。这种方法不仅大幅提高了研发速度，还降低了实验成本，为医学领域带来了革命性的变革。

6. 建筑领域

在建筑行业，企业级 AI 工具大显身手。一家名为 Autodesk 的公司开发了名为 BIM 360 的 AI 驱动建筑信息管理系统，它可以帮助建筑师和工程师自动识别设计中的潜在问题，并提出优化方案。通过使用这样的工具，建筑行业的工程质量得到了提高，同时也降低了建筑施工过程中的风险。

7. 航空领域

在航空领域，企业级 AI 工具同样大有可为。例如，波音公司使用 AI 技术来优化飞机制造过程。波音公司的 AI 系统可以自动识别生产过程中的瓶颈，帮助工程师找到最佳的解决方案，从而提高生产效率。此外，AI 技术还在飞机维修和安全检查方面发挥了作用，降低了发生航空事故的风险。

8. 能源领域

在能源领域，企业级 AI 工具为我们提供了绿色、高效的能源解决方案。例如，通用电气公司开发了一款名为 Predix 的 AI 平台，可以实时监测和分析风力发电机的性能数据，为运维人员提供优化建议。这样的平台可以有效地提高风力发电的效率，降低运维成本。

当然，以上这些仅仅是冰山一角，企业级 AI 工具在各行各业的应用远比我们想象的更加丰富。这些案例揭示了企业级AI工具在现实世界中的强大威力，以及它们带来的未来发展的无限可能性。随着技术的不断发展和创新，我们可以预见，AI技术将在更多领域崭露头角，引领我们走向一个更加智能、高效的未来。

7.2 开源AI工具的应用

开源AI工具的崛起让无数个人和团队能够更轻松地接触和利用AI技术，带来了前所未有的创新和突破。正因为如此，越来越多的行业和领域开始受益于开源AI工具的应用。接下来我们将深入了解开源AI工具在一些领域的应用。

1. 自然语言处理领域

我们先来了解如何利用开源AI工具进行自然语言处理。例如，谷歌的TensorFlow和Facebook的PyTorch是目前广受欢迎的深度学习框架，它们为AI研究者和开发者提供了丰富的资源和工具，使他们能够在文本挖掘、机器翻译和情感分析等领域取得显著成果。例如，一家名为spaCy的初创公司利用这些开源框架开发出了一个高效的自然语言处理库，广泛应用于各类文本分析任务，为企业和个人提供了巨大的价值。

2. 计算机视觉领域

在计算机视觉领域，开源AI工具同样取得了重大突破。例如，

YOLO 是一个著名的开源实时目标检测算法，广泛应用于自动驾驶汽车、无人机和智能监控等领域。通过使用 YOLO，开发者可以轻松地实现目标检测，为各类应用赋能。

3. 语音识别和合成领域

在语音识别和合成领域，开源 AI 工具发挥着关键作用。例如，Mozilla 项目的 DeepSpeech 引擎是一个典型的案例。这个项目旨在为开发者提供一个易于使用、高度可定制的开源语音识别引擎，以满足各类应用的需求。在 DeepSpeech 的帮助下，开发者可以轻松地为智能家居设备、虚拟助手和呼叫中心等场景和应用开发语音识别功能。

4. 教育领域

在教育领域，开源 AI 工具也在逐渐崛起。例如，一个名为 Kolibri 的项目，通过使用机器学习技术，为那些网络不畅或资源有限的地区的学生提供个性化的学习体验。Kolibri 可以为每个学生量身定制课程，帮助他们在数学、科学和阅读等领域取得进步。这个项目在全球范围内受到了广泛关注，为教育公平和普及作出了巨大贡献。

5. 环境保护和气候变化领域

在环境保护和气候变化领域，开源 AI 工具同样能够发挥积极作用。例如，一个名为 Global Forest Watch（全球森林观测）的项目，利用开源机器学习算法对卫星遥感数据进行分析，实时监测全球森林状况。这个项目为政府、企业和非政府组织提供了关键信息，帮助它们更好地保护森林资源，应对气候变化挑战。

6. 医疗领域

人工智能在医疗领域的应用得益于开源AI工具的发展。例如，MIT的开源项目MIMIC-Ⅲ提供了一个大规模的重症监护病房数据库，研究者可以通过这个数据库训练机器学习模型，以便更准确地预测患者病情和风险。一个名为OpenMRS的项目，通过打造一个全球医疗记录数据库，为发展中国家提供了基于人工智能的医疗解决方案，以提升患者的就医体验和医疗服务质量。

7. 金融领域

在金融领域，开源AI工具也能发挥重要作用。例如，名为Gekko的加密货币交易机器人项目，允许用户自定义交易策略，实现自动化交易。该项目基于Node.js构建，并使用了各种开源机器学习库。通过使用Gekko，交易者可以更轻松地在市场波动中捕捉到盈利机会。

8. 创意领域

在创意产业中，开源AI工具能够激发无数的创意和想象。例如，DeepArt.io项目就是一个很好的案例。它基于深度学习算法，可以将任何图片风格迁移到另一幅图片上，为艺术家、设计师和摄影师提供了一个全新的创作工具。这个项目在全球范围内受到了广泛关注，为创意产业带来了无数可能性。

以上这些令人振奋的案例仅仅是冰山一角，开源AI工具在各行各业还有许多应用实践。随着技术的不断发展，我们有理由相信，未来将会有更多的开源 AI 工具问世，为世界带来更多的创新和繁荣。在这个过程中，每一个人都将成为未来科技变革的参与者和受益者，共同开创一个充满智慧和奇迹的时代。

7.3 创新型 AI 工具的应用

在人工智能的浪潮中，创新型 AI 工具成为推动各行各业变革的重要力量。它们以其独特的设计和应用，打破了传统思维的束缚，为我们展现了一个充满无限可能性的未来。

1. 智能家居领域

在智能家居领域，创新型 AI 工具正逐渐改变我们的生活。例如，名为 Nest 的智能恒温器，通过学习居民的生活习惯，自动调整室内温度，既节省能源，又提升了舒适度；名为 Lighthouse 的家庭监控设备，利用深度学习技术可以识别居民和宠物的动作，实时提供智能家居安全解决方案。

2. 工业制造领域

在工业制造领域，创新型 AI 工具释放出巨大的应用潜力。以汽车制造为例，激光雷达技术的发展，为无人驾驶汽车的出现奠定了基础。结合人工智能的图像识别和数据分析能力，无人驾驶汽车能够实时感知周围环境，并自动作出决策。这一技术的应用将彻底改变交通出行方式，为未来的智慧城市建设提供强大支持。

3. 媒体和娱乐领域

在媒体和娱乐领域，创新型AI工具为内容创作者提供了丰富的灵感。例如，OpenAI的DALL-E项目能够通过对文本的理解，生成与文本相符的图像。这一技术的应用将极大地促进数字艺术、动画制作以及游戏开发等领域的创新。另外，创新型AI工具在音乐创作上的应用也日益成熟，例如，AIVA音乐创作AI工具能够根据用户需求生成各种风格的音乐作品，为音乐产业带来了全新的可能。

4. 农业领域

在农业领域，创新型AI工具发挥着越来越重要的作用。例如，利用无人机搭载的高分辨率相机和多光谱传感器，结合AI技术对农田进行实时监测和分析，为农民提供精准的农业解决方案，提高农作物产量和品质。此外，AI技术还可以帮助农业企业优化供应链管理，实现更加智能的农业生产和经营。

5. 法律领域

在法律领域，创新型AI工具能够改变法律行业从业人员传统的工作方式。例如，ROSS Intelligence是一个基于自然语言处理技术的AI法律助手，能够快速、准确地为律师提供法律咨询、案例研究和法规查询等服务。这不仅大幅提高了律师的工作效率，还能够让他们更加专注于为客户提供高质量的法律服务。

6. 知识产权领域

在知识产权领域，创新型AI工具能够助力专利检索、专利审查和专利布局等方面的工作，推动知识产权保护工作迈向新的高度。

7. 环保领域

在环保领域，创新型 AI 工具也发挥着重要作用。例如，利用遥感技术和 AI 算法监测地球表面的变化，实时评估气候变化对生态环境的影响，为政策制定者制定政策提供科学的依据。

8. 能源领域

创新型 AI 工具在能源领域的应用，如智能电网、风能和太阳能预测等，为实现能源可持续发展提供了有力支持。

9. 人力资源领域

在人力资源领域，创新型 AI 工具同样具有广阔的应用前景。例如，AI 招聘助手可以帮助企业筛选简历，快速找到符合自身要求的求职者；AI 驱动的员工培训和绩效管理系统，能够为企业提供更加精准、个性化的人才培养和激励方案。创新型 AI 工具在人力资源领域的广泛应用，将进一步提升企业的人力资源管理水平，助力企业发展。

综上所述，创新型 AI 工具在各个领域的应用，正逐渐改变我们的生活方式和工作方式。未来，随着 AI 技术的不断发展和成熟，我们将见证更多富有创意的 AI 工具，为人类社会带来前所未有的便利和繁荣。在这个进程中，我们需要保持开放的心态，拥抱变革，共同创造一个更加美好的未来。

7.4 AI 工具在行业内的竞争与合作

在新的科技浪潮之下，AI 工具的竞争与合作成为一种趋势，为各个行业带来更多的创新机会与挑战。在这个波澜壮阔的时代，行业内的竞争者相互激励、共同成长，实现了前所未有的技术突破。与此同时，合作成为一种新的战略选择，不同领域的企业与组织实现共赢，能创造更多的价值。

数十年来，汽车行业的竞争一直很激烈，但随着 AI 技术的加入，竞争格局发生了变化。传统汽车制造商与科技企业纷纷加入竞争中，争夺未来智能出行市场的份额。随着特斯拉研发出自动辅助驾驶系统 Autopilot，谷歌旗下的自动驾驶公司 Waymo 以及各大汽车制造商纷纷启动自动驾驶项目，努力研发更加先进的自动驾驶技术，以打造安全、高效的未来出行方式。这种竞争激发了行业的创新活力，推动了技术的迭代更新。

与竞争同样重要的是合作。在 AI 工具的发展过程中，各个企业之间的合作不断深化。例如，英伟达与丰田、大陆集团、博世等汽车制造商和零部件供应商展开合作，共同研发高性能的 AI 芯片，提升自动驾驶系统的运算能力。此外，百度与各大汽车品牌联手，推出了 Apollo 自动驾驶平台，为自动驾驶领域的合作伙伴提供一站式的技术支持与服务。这种合作使得各方能够更好地发挥自身优势，共同推动 AI 工具在自动驾驶领域的应用。

在教育领域中，AI 工具的竞争与合作也日益激烈。例如，

Coursera、Udacity、edX 等在线教育平台，纷纷引入 AI 工具，为学生提供了更为个性化的学习体验。这些平台之间的竞争，不仅推动了教育资源的优化，还促使它们在提高教育质量方面相互学习。

一些在线教育平台与传统高校、教育机构也展开了广泛的合作，共同探索 AI 工具在教育领域的更多应用场景与可能性。例如，IBM Watson 与 Pearson Education 合作，旨在开发智能教辅系统，为教育工作者和学生提供更为高效的教学方案。这种跨界合作的背后，正是各方对于共同推动教育发展的信念与期待。

金融领域也充满了 AI 工具的竞争与合作。传统银行、金融机构与新兴科技企业在金融领域展开了激烈的角逐，试图利用 AI 工具改善金融服务，提高风险管理能力，降低运营成本。一方面，传统银行和金融机构之间的竞争能够推动金融行业的创新。例如，美国花旗集团和摩根大通集团投入巨资研发 AI 量化投资系统，以提升资产管理业务的竞争力。另一方面，各方在竞争中也逐渐认识到合作的重要性，因此开始建立伙伴关系，共同拓展金融科技市场。例如，阿里巴巴与中国建设银行合作推出了基于 AI 的智能客服系统，为客户提供更加便捷的金融服务。

在法律行业，AI 工具的应用已经引发了一场革命。传统的法律服务模式受到了颠覆性的挑战，因为 AI 工具能够更高效地执行合同审查、案例分析和法律咨询等任务。这种变革迫使律师事务所和法律服务提供商加快创新步伐，以适应新时代的新需求。竞争与合作在法律领域相辅相成，一些大型律师事务所与法律科技创业公司合作，共同开发智能法律助手，帮助律师高效地处理烦琐的法律事务。

在环保行业，AI工具的应用日益受到关注。人们开始利用AI工具监测污染源、预测环境变化和制定节能政策。在这个领域，竞争激发了各国政府、企业和科研机构加大研发投入，努力在环保科技的创新中占得先机。与此同时，各方也意识到，在全球环境治理的大背景下，合作比竞争更为重要。越来越多的跨国公司、政府组织和非政府组织联手，共同推动AI工具在环保领域的应用。例如，世界自然基金会与全球领先的科技公司展开合作，推出AI驱动的自然保护项目，以保护生物多样性和减缓全球气候变暖的速度。

在农业领域，AI工具正改变着传统的农业生产方式。智能农业已经成为新兴市场的热门投资领域，许多创新型农业科技公司应运而生。这些公司利用AI技术开发无人机、农业机器人和智能灌溉系统等解决方案，旨在提高农作物产量，降低资源消耗和减少环境破坏。在这个领域，竞争与合作并行不悖。尽管各家公司在产品研发上展开激烈竞争，但它们也意识到，共享数据和资源对于推动整个行业的发展至关重要。因此，越来越多的农业科技公司开始与传统农业企业、政府部门和研究机构展开合作，共同探索AI工具在农业生产中的最佳实践。

在零售领域，AI工具的应用提升了消费者的购物体验。实体零售商和电商平台纷纷投入大量资源，研发以AI技术为核心的购物解决方案，以提高消费者满意度和购物效率。例如，智能客服助手可以快速解决消费者的疑问，AI驱动的推荐系统能精准地向消费者推送个性化商品。在这个领域，竞争促使各大零售商加速创新，而合作则使它们能够更好地满足消费者的需求。许多零售商与科技公司展开合作，共同开发先进的AI购物工具，以提升自身在市场上的竞争力。

除了以上这些领域，AI 工具在众多其他领域中同样形成了竞争与合作的局面。无论是制造、物流领域，还是娱乐、旅游、能源等领域，竞争者在探索 AI 工具应用的过程中，都在互相借鉴、共同进步。同时，跨行业、跨领域的合作成为一种普遍现象，各方能够更好地发挥自身优势，推动整个行业的发展。

总之，AI 工具的应用场景和应用范围不断拓展。在这个过程中，竞争与合作是共生的一体两面，相互依存，共同推动技术创新和行业发展。竞争可以激发企业的创新能力，推动技术迅速发展；而合作则有助于企业拓展业务领域，实现产业链的优化与整合。未来，随着 AI 技术的进一步发展，我们有理由相信，竞争与合作将继续共同推动人类社会的进步，为我们创造一个更加美好的世界。

在这个飞速发展的时代，AI 技术将继续以惊人的速度渗透到我们生活的方方面面，不断地改变我们的生活方式和工作方式。与此同时，AI 工具在行业内的竞争与合作也将呈现出更加多样化的趋势。

第 8 章

AI 在广告与营销领域的应用

我们生活在一个信息爆炸的时代，如何在众多的信息中准确捕捉到消费者的需求，是企业在营销时面临的重要挑战。在本章中，我们将探讨 AI 如何在广告和营销领域发挥其独特的价值。

在数字化时代，AI 已经成为营销的关键驱动力。它不仅可以帮助企业更精准地定位目标消费者，还可以帮助企业更有效地传递信息，提高营销活动和广告的效果。

8.1 广告投放与程序化购买

想象一下，在信息的海洋中，我们就像一位潜水员，在深邃的大海中游弋。在这片海洋中，广告就像五彩斑斓的水母，吸引了我们的注意力。在这个瞬息万变的时代，人工智能已经悄然改变了我们的生活，海量信息如同海潮般汹涌而来。如今，我们正站在一个历史的十字路口，AI 技术逐渐融入各个领域。下面将从 AI 在广告投放领域的应用，尤其是程序化购买方面，探讨它是如何改变世界的。

正如莎士比亚所说："人生是一个舞台，每个人都在扮演着不同的角色。"在广告这个舞台上，AI 成为一位出色的"导演"，引领着广告行业的"演员"演绎各种精彩的戏码。

在广告投放领域，AI 技术早已成为广告商的得力助手。就像一位熟练的驯马师，AI 可以根据用户偏好和需求调整广告策略，使得广告在目标用户面前恰到好处地展示。以搜索引擎广告为例，AI 技术可以帮助广告商分析用户的搜索行为，为关键词出价提供参考，从而让广告在搜索结果中占据有利地位。在这个过程中，AI 如同一位明智的指挥家，让广告与用户在恰当的时刻相遇。

在广告创意生成领域，AI 也发挥着越来越重要的作用。过去，广告创意生成往往需要大量的人力和时间投入，现在，AI 技术可以在短时间内为广告商提供定制化的创意方案。AI 技术不仅可以对图片、视频、文字等素材进行深度分析，还可以根据用户特点和喜好生成具有很强吸引力的广告创意。这种改变，就像从手绘地图跃升到全球定位系统，广告创意的生成更加高效、精确。

AI 还能为广告商提供实时反馈和优化建议。在过去，广告效果的评估往往需要花费大量时间，而现在，借助 AI 技术，广告商可以实时监控广告的表现，并根据数据反馈迅速调整策略。这种实时反馈，就像一位贴心的私人教练，能够帮助广告商更快地找到问题，更精确地制订解决方案。

与此同时，AI 技术还能改变广告创意的生成方式，提升广告创意的新颖性。当 AI 赋予了广告创意以智能时，广告创意就像一颗种子，在 AI 的滋养下茁壮成长。这种结合使得广告创意更具针对性和吸引力。

AI 技术可以为广告投放提供强大的数据支持。在这个数据大爆炸的时代，AI 技术可以帮助我们从海量数据中挖掘有价值的信息，就像在广袤的沙漠中寻找宝藏，AI 成为我们探索未知世界的“指南针”。通过分析消费者行为、兴趣和购买习惯，AI 可以识别出目标受众的特征，并为广告提供精准的定位。

不仅如此，AI 还能拓展广告投放的渠道和形式。过去，我们可能只能在报纸、杂志或电视上看到广告。然而，在 AI 的驱动下，广告已经渗透到我们生活的方方面面，如同空气一样无处不在。社交媒体、智能手机，甚至虚拟世界中，都有广告，AI 推动广告行业进入一个全新的维度。这种改变就像从黑白电影进入彩色电影的历史性跨越，给我们带来了更加丰富的视觉体验。

在这个变革的进程中，各种创新型 AI 工具出现并得到应用，行业内的竞争与合作不断增多。例如，谷歌等科技巨头，努力在程序化购买领域占据主导地位。同时，一些新兴的 AI 初创公司也在积极寻求与传统广告代理商的合作，共同打造一个更加美好的广告世界。

程序化购买集成了多种功能，涵盖了广告投放的全过程。程序化购买具有极强的适应性，当 AI 与程序化购买相遇时，激发了两种思维的碰撞，迸发出无穷的能量。

在此，通过一个具体的案例讲述 AI 与程序化购买的结合。例如，在过去，一个大型汽车制造商与广告代理商合作，其市场部门负责人需要花费大量时间和精力，计划、执行和跟踪广告活动。然而，在 AI 技术的加持下，程序化购买能够更精准地投放广告，提高广告效果，同时还能节省人力和成本。在这种情况下，AI 技术就像一个神奇的指挥棒，将广告精准地指向目标受众。

在充满无限可能的未来，AI 将继续引领广告行业进步与发展。更多的企业开始利用 AI 技术提高广告效果，降低成本，提升竞争力。AI 将不断推动广告行业向前发展，而当我们回头看这个历史性的转折点时，我们将为这场广告革命而欢呼。

总之，AI在广告与营销领域的应用，特别是程序化购买，深刻地改变了我们的生活。从广告创意的生成到广告投放的执行，从数据分析到渠道拓展，AI已经成为广告行业的生命线。在时代的浪潮中，我们将见证AI如何打造一个更美好、更智能的广告世界。

正如伟大的科学家牛顿所说："如果我看得更远，那是因为我站在巨人的肩膀上。"在广告行业，AI就像一位"巨人"。它不仅为广告商提供了更强大的技术支持，还让广告商能够更好地理解用户，满足他们的需求。与此同时，AI技术还在不断地改进和优化，继续推动广告行业向前发展，引领我们进入新的领域。

在未来的广告市场上，我们将看到AI技术与更多创新技术的融合。例如，VR和AR技术与AI技术的结合，为用户带来前所未有的广告体验。就像进入一个奇幻的世界，广告将以更加引人入胜的方式呈现在用户面前，让人们在沉浸式的体验中感受到品牌的魅力。

同时，AI将在广告行业内引发更深层次的变革。通过对大量数据的挖掘和分析，AI技术能够更好地理解消费者的行为，预测他们的需求和偏好。这使得广告商能够制定更加精准的广告策略，让广告投放更具针对性。在这个过程中，AI将像一位心理学家，解读人们内心的需求，为广告商提供更有力的支持。

此外，随着AI技术的发展，广告行业也将变得更加人性化。在过去，广告往往被认为是一种商业行为，以营销为目的。然而，在AI的加持下，广告将越来越注重与消费者的情感连接，如同一位会讲故事的朋友。这将使广告更加贴近人心，与消费者建立更深厚的关系。

总之，AI 技术正在逐步改变广告行业的方方面面，为我们描绘出一个充满无限可能的未来。就像一位勇敢的航海家，AI 正带领我们乘风破浪，驶向更加美好的明天。在这个过程中，我们将成为 AI 时代的见证者，目睹广告行业的蜕变与升华。而在未来的日子里，我们将继续期待 AI 给广告领域带来更多的惊喜与创新。

8.2 语义分析与消费者洞察

在广告与营销领域，了解消费者的内心需求与偏好就如同探寻一座神秘的宝藏，这是一项充满挑战的任务。然而，在 AI 的加持下，这一目标变得越发触手可及。就像一位卓越的侦探，AI 技术通过语义分析洞察消费者的心声，深入挖掘消费者的内心世界，为广告商揭示那些隐藏在数字背后的消费者的真实需求。

以往，洞察消费者需求的过程犹如寻找破碎的拼图。广告商需要从庞大的数据中寻找线索，然后通过人工的方式分析消费者的需求。语义分析这一项神奇的技术，就像一把能够打开地下宝藏的金钥匙。在数据的海洋中，它能识别出有价值的信息，分析消费者的情感倾向与真实需求，甚至预测他们的行为。这为广告商带来了前所未有的机遇，引领它们走向成功的彼岸。

在现实中，已经有无数的案例证明了 AI 在语义分析与消费者洞察领域的强大能力。例如，在社交媒体营销中，一家知名电商企业利用 AI 技术对消费者的评论进行语义分析，从而更好地了解消费者的需求。在这个过程中，AI技术不仅能够分析消费者的喜好，还可以为广告商提供有针对性的建议。这使得广告推广变得更加高效，提升了整体的投放效果。

再如，在音乐行业，一家创新型音乐公司通过使用AI技术，对歌曲的歌词和旋律进行深度语义分析，从而为广告商提供更为精准的音乐推荐。在这个过程中，AI如同一位卓越的音乐评论家，能够精准地捕捉到消费者的情感需求。通过这种方式，广告商可以将最合适的音乐与广告结合，创造出更具吸引力的作品。

在新闻领域，AI技术也展现出了惊人的潜力。一家著名的新闻机构运用AI技术对大量的文章进行语义分析，挖掘出隐藏在文本背后的情感倾向。这使得其新闻报道更加客观、准确，也有助于广告商更好地了解受众的需求。在这个过程中，AI如同一位洞悉一切的观察者，为广告商提供了宝贵的见解。

这些案例都说明，在这个时代，消费者洞察将变得前所未有的精准，广告创意将焕发出更多的生机。人工智能如同一位充满智慧的导师，引领着广告商走向财富升级之路。

然而，面对充满希望的未来，我们也需要警惕潜在的风险与挑战。随着AI技术的广泛应用，我们需要时刻保持警惕，防止技术滥用。企业需要担负起责任，维护消费者的隐私权益。

正如波士顿红袜队的传奇棒球运动员泰德·威廉姆斯所说："不要让你的恐惧决定你的未来。"我们需要勇敢地面对AI技术带来的挑战，同时紧紧抓住它带来的巨大机遇。

在这个充满变革与创新的时代，广告商需要重新思考广告的本质。广告不再是单纯地向消费者推销产品，而是和消费者成为朋友，与他们建立密切的联系。在这个过程中，AI 技术将成为广告商的得力助手，帮助他们更好地了解消费者，满足消费者的需求。

例如，在时尚行业，AI 技术可以帮助广告商创作更具个性化的广告。通过对消费者的风格、喜好进行深入分析，AI 可以为广告商提供更具针对性的建议。这将使广告变得更加贴心，让消费者感受到品牌的关爱。在这个过程中，AI 如同一位时尚达人，为广告商带来无尽的灵感。

在旅游领域，AI 技术同样大有可为。通过对消费者的旅游喜好进行深入挖掘，AI 可以为广告商提供更为精准的旅行地推荐。这将使得广告更加引人入胜，为消费者带来全新的体验。在这个过程中，AI 如同一位博学的旅行家，为广告商提供宝贵的见解。

总的来说，AI 技术将彻底改变广告与营销领域的传统规则。在充满无限可能的未来，我们需要拥抱变革，勇敢地迈向新的征程。在这个过程中，AI 将成为我们的指路明灯，引领我们走向财富升级之路。

正如一位著名的哲学家所言："人类的伟大在于我们知道自己的能力是有限的。"在 AI 技术的加持下，广告商需要保持谦逊的态度，始终以消费者为中心，不断提升自身的服务水平，为广告与营销领域创造一个更加美好的未来。

8.3 跨界合作营销与创新营销

在这个充满活力和无限可能的时代，AI 技术不仅深入广告与营销领域，还促使各行各业跨界合作，探索创新的营销策略。AI 技术如同一座巨大的桥梁，将曾经孤立的岛屿连接在一起，使其释放出前所未有的能量。

1. 跨界合作营销

在跨界合作营销方面，AI 技术扮演着关键的角色，为各个领域提供了强大的支持。正如著名诗人约翰·多恩（John Donne）所言："没有人是一座孤岛，可以自全。"在 AI 的引领下，各个行业跨界融合，共同为营销与广告领域带来更为丰富的可能性。

（1）美食与时尚领域的跨界合作营销。例如，一家知名餐厅与一位著名时尚设计师联手，共同打造了一场充满创意的美食时尚秀。其中，AI 技术发挥着关键作用，通过对消费者数据的深度挖掘，为合作双方提供了有力的指导。这场创新的美食时尚秀成功吸引了众多消费者的关注，为广告商带来了丰厚的回报。

（2）电影与热门游戏的跨界合作营销。在电影与热门游戏的跨界合作营销中，AI 技术起到了桥梁作用，为电影制作团队与游戏开发团队提供了协同创作的平台。AI 技术通过深度学习，为双方提供了丰富的创意素材，为合作项目注入了新的活力。这一跨界合作营销最终为广告商带来了巨大的成功，引领了广告与营销行业的创新潮流。

2. 创新营销

AI 技术能够推动营销创新，为广告与营销领域的发展指引方向，引领广告商勇敢地追求创新，挑战传统的界限。

（1）虚拟现实技术与广告的结合。例如，一家知名广告公司运用 AI 技术，为消费者带来了沉浸式的广告体验。AI 技术通过对大量消费者数据的分析，为广告商提供了精准的目标受众定位，从而使得虚拟现实广告更具吸引力和针对性。这种创新的广告形式让消费者身临其境地感受到了品牌的魅力，为广告商带来了丰厚的价值。

（2）社交媒体与广告的紧密结合。在这个时代，社交媒体已经成为人们日常生活中不可或缺的一部分。广告商意识到，将广告植入社交媒体中，可以为消费者带来更加自然的广告体验。AI 技术也敏锐地收集到这一信息，通过对消费者在社交媒体上的行为进行深入分析，为广告商制定广告策略提供了有力的支持。这使得社交媒体广告更加精准、有效，为品牌带来了巨大的收益。

在这个充满活力和无限可能的时代，跨界合作营销与创新营销成为广告与营销领域的重要发展方向。AI 技术如同一位智慧的指路人，为广告商指明了前进的方向，帮助其实现前所未有的成功。展望未来，我们有理由相信，在 AI 技术的引领下，广告与营销领域将迈向一个前所未有的繁荣新时代。

首先，在这个时代，广告商需要不断创新，勇敢地追求跨界合作营销与创新营销，为消费者带来更加丰富、多元的体验。

其次，我们也需要牢记，AI 技术并非万能，而是一种辅助手段。我们仍需要依靠人类的智慧、创造力和情感，共同创造出更具价值的广告作品。正如著名哲学家亚里士多德（Aristotle）所言：

“卓越不是一种行为，而是一种习惯。”在 AI 技术的辅助下，广告商需要不断追求卓越，将跨界合作营销与创新营销发挥到极致，为广告与营销领域创造更多价值。广告与营销领域的各参与方将携手共进，书写广告与营销领域的辉煌篇章。

再次，面对波澜壮阔的未来，我们需要紧密团结，共同面对各种挑战，共同关注 AI 技术在跨界合作营销与创新营销中的可持续发展。这意味着，我们需要确保 AI 技术的应用不仅能为广告与营销领域带来短期的成功，还能为整个社会带来长期的福祉。我们需要充分发挥智慧与创造力，与 AI 技术共同前行，为广告与营销领域的可持续发展贡献力量。

最后，在跨界合作营销与创新营销的过程中，广告商需要充分尊重消费者的权益，防止侵犯他们的隐私。同时，广告商还需要关注 AI 技术可能带来的道德与伦理问题，确保技术得到合理、安全的应用。

在这个充满希望与挑战的时代，让我们紧握 AI 技术这一神奇的“钥匙”，开启跨界合作营销与创新营销的“大门”。

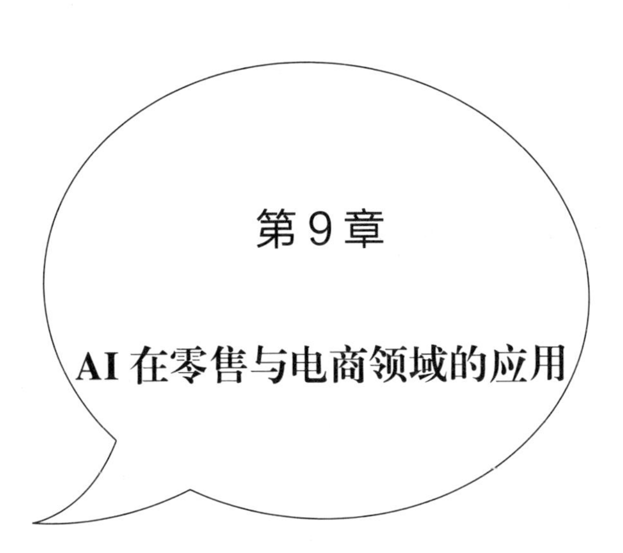

第9章

AI在零售与电商领域的应用

在数字化的浪潮中，零售与电商行业正在经历着前所未有的变革。人工智能以其强大的分析预测能力和精准的个性化服务，成为驱动这个领域变革的关键力量。在本章中，我们将共同探索 AI 在零售与电商领域的应用，以揭示其在商业模式创新中的独特价值。

9.1 智能供应链与库存管理

在这个快速发展的科技时代，AI 不仅在广告与营销领域大放异彩，也深入了零售与电商领域的方方面面。正如亚里士多德所言："智慧不仅仅存在于知识之中，而且还存在于运用知识的能力中。"下面我们将探讨 AI 如何深入零售与电商领域的底层，为智能供应链与库存管理注入新的活力。

在这个令人振奋的新时代，智能供应链与库存管理成为零售商与电商商家提升竞争力的关键之一。AI 如同一位全能的指挥家，精准地调度各种资源，确保整个供应链运行得既高效又协调。

以某知名零售巨头为例，在其全球供应链管理中，AI 技术发挥着关键作用。通过深度学习算法，AI 系统能够根据消费者购买行为和需求预测准确分析库存需求。这使得零售商能够在第一时间满足消费者的需求，提高消费者满意度。

AI 技术能够帮助零售商优化库存管理。通过对大量数据的深度挖掘，AI系统能够发现库存方面的潜在问题，从而为零售商提供有针对性的建议。这有助于零售商降低库存成本，提高运营效率。

此外，AI技术在物流方面也发挥着重要作用。借助先进的路径规划算法，AI系统能够为物流公司提供最佳的配送方案，物流公司能够以最短的时间、最低的成本将商品送达消费者手中。这无疑为零售与电商领域带来了巨大的竞争优势。

正如著名科学家阿尔伯特·爱因斯坦所言："我们不能用创造问题的思维来解决问题。"在未来的零售与电商领域，我们需要摒弃陈旧的思维定式，勇敢地拥抱AI技术，让智能供应链与库存管理成为发展的新引擎。

最后，我们也需要谨慎对待AI技术在智能供应链与库存管理中的应用。因为AI技术在为零售与电商领域带来巨大的发展机遇的同时，也带来了一些潜在风险。我们必须确保AI技术在帮助我们提高效率的同时，不损害我们的价值观与伦理原则。这将是一个长期的、复杂的挑战，但我们有理由相信，在人类的共同努力下，我们一定能够找到最佳的解决方案。

此外，我们还需要关注AI技术可能带来的失业问题，确保在提高行业效率的同时，关爱社会各层面的群体。

总之，AI技术为零售与电商领域的智能供应链和库存管理带来了前所未有的机遇。让我们勇敢地拥抱梦想和机遇，共同开创零售与电商领域的美好未来。

9.2 个性化推荐与智能定价

在这个信息爆炸的时代，人们每天都被各种各样的信息包围。从早晨的闹钟，到晚上入睡前浏览的新闻，我们与信息不断地产生互动。在这个过程中，我们的需求和喜好也在不断地发生变化。而AI正是在这样一个环境中，大放异彩地引领我们走向个性化推荐与智能定价的新时代。

想象一下，你走进一家咖啡馆，那里有多种多样的咖啡供你选择。然而，你并不需要浏览烦琐的菜单，因为店员已经知道你喜欢喝什么咖啡，而且他们还知道你今天的心情，从而为你提供了一款能让你心情愉悦的特制咖啡。这就是个性化推荐的魅力所在，它能够根据客户的喜好、习惯和需求，为客户提供最贴心的服务。而且这种情况不会局限于咖啡馆，还将扩展到餐厅、电影院、零售店，甚至旅行等各个方面，为我们的生活带来更多便捷。

这种神奇的体验，正是源于AI技术在个性化推荐领域的应用。与此同时，智能定价也在其中发挥着重要作用。它能够根据消费者的购买意愿、市场需求和竞争状况，实时调整商品价格，从而为商家和消费者提供双赢的解决方案。

下面将通过一系列具体的案例来揭示个性化推荐与智能定价的奥秘，以及它们如何改变我们的生活和世界。

首先，我们来看一个音乐行业的案例。随着数字音乐的普及，人们可以轻松地在网上找到各种类型的音乐。然而，这也导致了一个问题，即如何在庞大的音乐库中找到符合自己喜好的音乐。音乐应用Spotify便能利用人工智能技术，为用户提供个性化的音乐推荐服务。通过分析用户的听歌历史和社交媒体动态，Spotify能够生成一个独一无二的音乐播放列表，让用户在听歌的过程中获得前所未有的个性化体验。根据一项研究，Spotify的个性化推荐系统已经成功地吸引了超过1亿的活跃用户。这个数字令人惊叹，也足以证明个性化推荐的巨大潜力。

其次，我们来看一个电子商务平台的案例。亚马逊作为全球最大的在线零售商，凭借其强大的AI技术，为用户提供高度个性化的购物体验。当用户在亚马逊上浏览商品时，它会根据用户的浏览历史、购买记录以及其他用户的类似行为，为用户推荐一系列他可能感兴趣的商品。同时，亚马逊还利用智能定价策略，根据市场需求和竞争对手的价格，实时调整商品价格，以吸引更多的消费者。据统计，亚马逊通过个性化推荐和智能定价策略，成功地提高了用户的购买转化率，进而实现了销售额的显著增长。

个性化推荐和智能定价策略的应用，已经不局限于音乐和电商领域。在教育、金融、医疗等许多领域，都有个性化推荐和智能定价的“身影”。以在线教育为例，利用AI技术，一款名为“智能教练”的软件可以根据学生的学习能力、兴趣和学习进度，为他们量身定制学习计划，让学习变得更加高效和有趣。一项调查显示，使用智能教练后，学生的学习成绩提高了25%。

在金融领域，一家名为CreditLens的初创公司，利用AI技术为企业提供智能定价服务。它能够根据企业的信用评级、经营状况和市场行情，实时调整贷款利率，降低企业的融资成本。这种创新性的服务，已经为数百家企业带来了显著的经济效益。

在医疗领域，一家名为 DeepHealth 的初创公司利用 AI 技术开发了一款名为智能医疗助手的软件。它可以根据患者的病史、生活习惯和基因信息，为医生提供可供参考的治疗方案。这种颠覆性的创新，有望改变医疗行业的现状，为患者提供更加精准和高效的医疗服务。一项研究表明，在使用智能医疗助手后，患者的康复速度加快了 30%。

从上述案例中，我们可以看到个性化推荐与智能定价在一些领域已经得到成功应用。然而，这仅仅是一个开始。随着人工智能技术的不断发展和优化，未来将会出现更多前所未有的创新应用。

个性化推荐与智能定价策略有可能成为各个行业的标配。在购物、购房、投资等方面，我们都将受益于它们带来的价格优势。这将有助于提高资源配置的效率、降低社会成本，从而实现更高的经济增长。

然而，在这个美好的蓝图中，我们也应该意识到潜在的风险。随着 AI 技术的广泛应用，我们的数据和隐私安全将面临前所未有的挑战。因此，在追求个性化推荐和智能定价带来的便利的同时，相关的法律法规需要不断完善，确保 AI 技术的健康发展。

总之，个性化推荐与智能定价正在引领我们进入一个崭新的时代。在这个时代里，我们将享受到前所未有的个性化体验，同时也将面临诸多挑战。让我们携手迎接这个美好的未来，共同探索 AI 技术的无限可能。

9.3 虚拟试衣与智能客服

虚拟试衣能够为消费者提供更高效的服装试穿服务以及服装量身定制服务，逐渐改变零售业和电商行业的面貌。在这场技术革命中，AI成为一位无所不知的顾问，助力企业实现消费者满意度的最大化。而消费者仿佛置身于科幻场景中，感受未来购物的无尽魅力。

想象一下，在繁忙的工作和生活中，你总是难以抽出时间去商场购物。虚拟试衣应用可以很好地满足你的这一需求。你只需站在智能镜前，选择喜欢的服装，镜子便会变戏法般地呈现出你穿着新衣的形象。这便是虚拟试衣技术为我们带来的奇迹：它打破了现实与虚拟的界限，让我们在家中即可体验购物的乐趣。

除了虚拟试衣外，智能客服的出现也为零售与电商领域带来新的变革，重塑消费者与企业之间的关系。如同一位全天候待命的私人助手，智能客服能够倾听消费者的心声，准确回应他们的需求。例如，一个名为Sophia的智能客服机器人，在某大型电商平台上扮演着客服的角色。无论是解答消费者的疑问，还是向消费者推荐合适的产品，Sophia都能游刃有余地完成任务。

在现实中，许多企业已经开始尝试运用虚拟试衣与智能客服技术。例如，著名运动品牌Adidas利用虚拟试衣技术为消费者提供服装在线定制服务，消费者可以在家中选购专属于自己的运动装备。而知名电商巨头亚马逊，则运用智能客服技术提升用户体验，通过聊天窗口式对话界面帮助用户解决问题。这些案例都展示了

AI 技术在零售与电商领域的强大潜力。

尽管虚拟试衣与智能客服为我们带来了诸多便利，但它们不是万能的。正如一枚硬币有正反两面，技术的发展总是伴随着一些负面影响。例如，虚拟试衣技术可能会导致人们过度依赖在线购物，从而影响实体店铺的经营；智能客服有时可能遇到无法解答的问题，让消费者感到失望。但这些问题并不是无法克服的障碍，随着 AI 技术的进步和完善，未来的虚拟试衣与智能客服的功能必将更加强大，为我们提供更优质的服务。

未来，虚拟试衣技术会进一步升级。人们可以在虚拟世界中与他们的数字化形象互动，为其穿上各种风格的服饰，甚至还能在虚拟场景中欣赏这些搭配。智能算法将根据用户的喜好和购买历史为他们推荐更符合个人风格的服装。而这一切的实现，都离不开强大的 AI 技术的支持。

未来，智能客服也将得到更为广泛的应用。未来的智能客服不再仅局限于解答问题和推荐产品，它们还将协助企业分析消费者行为，为企业制定营销策略提供有力依据。在未来的商业世界中，智能客服就像一个无处不在的“守护者”，时刻保护着消费者的利益，助力企业获得更多盈利。

随着虚拟试衣与智能客服技术日益成熟，它们将与更多前沿科技融合。例如，增强现实和虚拟现实技术与虚拟试衣融合，使消费者能够在更真实的环境中体验商品；区块链技术使智能客服变得更加安全和透明，消费者可以放心地与之交流，无须担心隐私泄露。

总的来说，虚拟试衣与智能客服作为 AI 技术在零售与电商领域的代表性应用，正以一种前所未有的姿态改变着我们的生活。如同埃舍尔笔下的魔幻世界，这些技术让我们窥见了一个充满无限可能的未来。而在这个未来中，人们将更加便捷地享受购物的快乐，企业也将在AI的助力下创造更大的价值。

尽管我们无法准确地预知未来，但可以肯定的是，AI技术将在零售与电商领域持续发挥其独特的魔力。在这个瞬息万变的时代，唯有紧跟技术的步伐，才能抓住发展的契机，赢得财富升级之路上的胜利。AI技术是我们追求财富升级之路上的一把神奇“钥匙”，带领我们打开梦想的“大门”。

在这个蓬勃发展的新时代，企业管理者需要保持敏锐的洞察力，密切关注AI技术给零售与电商领域带来的变革。作为消费者，我们要积极拥抱这些技术，享受技术带来的便利，但同时也要保持警惕，避免过度依赖技术。

正如法国作家儒勒·凡尔纳（Jules Verne）在其科幻小说《地心游记》中所描述的那个充满奇幻和探险的世界，AI技术正引领我们走向一个前所未有的未来。在这个未来里，虚拟试衣和智能客服将成为零售与电商行业的标配，人们将在这个便捷、高效的世界里，尽情享受购物的乐趣。

从虚拟试衣到智能客服，从增强现实到区块链技术，这些先进的科技不仅能够推动零售与电商领域的繁荣发展，也能使我们的生活变得更加美好。在这个充满希望的时代，让我们相信科技的力量，携手创造一个更加智能、便捷、富足的未来。

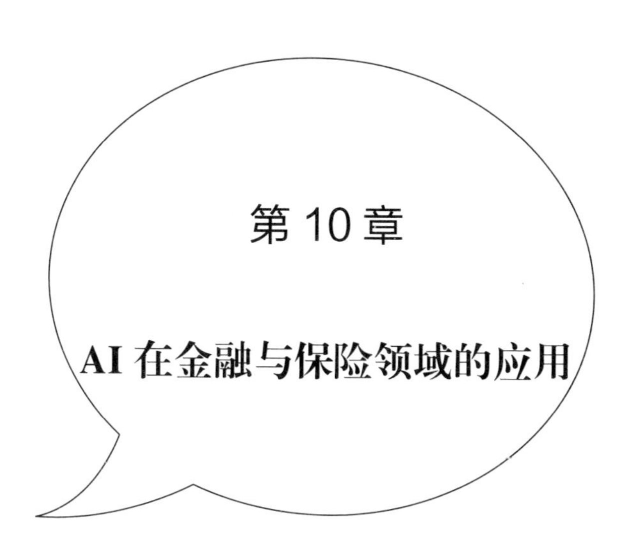

第 10 章

AI 在金融与保险领域的应用

金融与保险业是经济活动中较为复杂，又较为关键的领域。它们的发展进步，对社会有着深刻的影响。AI 以其独特的分析预测能力，正在深刻地影响这两个领域的运作方式。在本章中，我们将探讨 AI 在金融与保险领域的应用，以揭示其在推动行业创新中的重要作用。

10.1 智能投资与风险管理

在金融与保险领域，AI 技术能够帮助人们更加智能地进行投资决策和风险管理。

在 AI 新时代，智能投资和风险管理成为金融与保险领域的核心。就像棋手在棋盘上谨慎地布局，以期在比赛中获得胜利一样，金融与保险公司也需要在投资和风险管理方面制定明智的战略。而在制定战略的过程中，AI 技术将发挥至关重要的作用。

我们来看一个具体的案例。数年前，一家名为 Betterment 的在线投资管理公司推出了一个基于 AI 的智能投资顾问。这个投资顾问使用大量的金融数据和先进的机器学习算法为客户提供个性化的投资建议。Betterment 公司成立后不久，就成功地吸引了数以百万计的投资者，并在短短几年内管理了超过 100 亿美元的资产。这个案例表明，AI 技术在投资领域具有巨大的发展潜力。

风险管理是金融公司与保险公司合规运营的重要组成部分。在风险管理方面，AI 技术同样大有作为。例如，Lemonade 是一家基于 AI 技术的保险初创公司，它彻底改变了传统保险业的风险评估和理赔流程。Lemonade 公司的核心产品是一个名为“Maya”的 AI 保险助手，它可以快速评估客户的风险状况并提供个性化的保险方案。此外，Maya 还可以在短短几秒钟内处理保险理赔请求，大幅提高了客户满意度和公司的运营效率。

Lemonade 公司的成功之处在于，它利用 AI 技术实现了风险管理的自动化、个性化和实时化。这使得保险公司在为客户提供更加精确的保险产品的同时又降低运营成本成为可能。这种以 AI 技术为核心的风险管理策略，就像一个擅长布局的国际象棋高手，能够在面临复杂局面时稳定局势，从而为公司赢得更多的市场份额。

上述两个案例展示了 AI 技术如何在金融与保险领域发挥关键作用。正如一个国际象棋高手需要不断地提高自己的棋艺，以在比赛中取得优势一样，金融公司与保险公司也需要利用 AI 技术不断改进自己的投资和风险管理策略。未来，金融与保险领域可能会出现更多的 AI 初创公司和 AI 应用，利用 AI 技术的力量实现更高效的智能投资和风险管理。

金融公司与保险公司在利用 AI 技术的过程中也会面临一些挑战，例如，AI 系统可能会产生过拟合现象，即对历史数据过度拟合，导致投资策略在未来无法适应市场变化。同时，金融公司与保险公司需要在保护客户隐私和遵守监管规定的基础上，充分利用大数据和 AI 技术。

因此，金融公司与保险公司需要开展更多的研究和实践，以克服这些挑战，确保 AI 技术的利用能够最大限度地提高投资回报和降低风险。只有这样，它们才能在这个 AI 驱动的新时代赢得胜利，获得更多收益。

当我们回顾这场 AI 驱动的金融与保险领域的变革时，就像在欣赏一场精彩绝伦的国际象棋比赛。在这场比赛中，参与者利用 AI 技术优化投资和风险管理策略，争夺市场份额，提高客户满意度。这场比赛可能会持续数年，甚至数十年，但在这个过程中，我们也将看到 AI 技术如何继续改变金融与保险领域的规则，引领我们走向一个更加智能、高效和财富升级的未来。

10.2 信用评估与智能核保

AI 将会对金融和保险领域产生深刻的影响。在实际操作中，AI 技术应用于金融与保险领域有两个具体的场景：信用评估和智能核保。

在金融和保险领域，信用评估和核保一直是重要的业务。在传统操作中，银行和保险公司通过信用评估来评估客户的信用风险。这通常涉及复杂的评估模型，需要大量的人工干预。但是，借助于 AI 技术，银行和保险公司可以更快、更准确地评估客户的信用风险。

AI 可以分析大量的数据，包括客户的信用历史、收入、债务和其他情况。基于这些数据，AI 可以生成准确的信用评估模型，快速地进行客户信用评估，并给出评估结果。这不仅可以提高银行和保险公司的运营效率，还可以减少误差、避免风险。

下面我们来看一个具体的案例。Lending Club 是一家在线借贷公司，它使用 AI 算法来分析借款人的信用历史、债务、收入和其他情况，以评估借款人的信用风险。通过这些分析，Lending Club 可以为投资者的决策提供依据，并且为借款人提供更低的利率。这不仅使 Lending Club 的业务更高效，而且也使他们的客户获得更好的服务。

除了在线借贷公司，传统的银行和保险公司也开始使用 AI 技术来改进信用评估过程。例如，花旗银行使用 AI 技术来评估个人和企业的信用风险。这不仅提高了花旗银行的业务运作效率，还使其客户能够更快地获得贷款。

随着金融科技行业的迅猛发展，AI 技术越来越多地应用于信用评估领域。近年来崛起的金融科技公司纷纷利用 AI 技术来进行信用评估。这些公司通过使用 AI 技术分析大量的数据，不仅可以更好地了解客户的信用状况，还可以更准确地预测客户的违约风险，进而为公司决策提供更可靠的依据。

智能核保是指使用人工智能技术来评估保险申请人的风险，并决定是否批准其保险申请。传统上，核保过程需要人工干预和复杂的评估模型，这通常也需要大量的时间和人力。同样，使用 AI 技术可以加快核保过程，提高效率和准确性。

使用 AI 技术，保险公司可以分析大量的数据，包括申请人的医疗记录、职业、健康状况、家族病史等。基于这些数据，AI 可以生成准确的风险评估模型，帮助保险公司快速地作出批准或拒绝申请的决策。

例如，中国平安保险公司便使用了 AI 技术来改进核保过程。平安保险公司使用 AI 算法来分析保险申请人的医疗记录、职业、健康状况和其他因素。通过这些分析，平安保险可以更快地作出批准或拒绝决策，并为投保人提供更准确的保险费率。

此外，AI 技术还可以帮助保险公司提高欺诈检测能力。保险欺诈是一个普遍存在的问题，它不仅会给保险公司带来损失，还会给客户造成麻烦。使用 AI 技术，保险公司可以在分析大量的数据（包括客户的历史记录、行为模式和其他因素）的基础上，来检测潜在的欺诈行为。

当然，除了信用评估和智能核保，AI 技术还可以应用于金融和保险领域的其他方面。例如，AI 技术可以帮助银行和保险公司改进客户服务，如自动化客户支持和虚拟客户代表；AI 技术还可以用于投资决策和交易执行等领域。

随着 AI 技术在金融和保险领域应用的不断深入，其应用场景也在不断拓展。通过使用 AI 技术，银行和保险公司可以更快、更准确地评估客户的信用风险，提高业务运作效率和决策准确性。这不仅可以改进业务，而且可以为客户提供更好的服务。未来，随着 AI 技术的不断发展，金融和保险领域会迎来更多的机遇和挑战。

AI 技术在金融和保险领域的广泛应用也带来了一些潜在的问题。首先，金融公司和保险公司要注意 AI 技术的合理应用。例如，AI 算法在吸收了以往带有主观性色彩的历史资料后，可能会存在偏见，进而导致决策不公平。而且，一旦 AI 算法出现错误，可能会导致巨大的经济损失和信誉风险。因此，金融公司和保险公司必须采取适当的措施确保 AI 算法的准确性和公正性，如数据保护和审查机制。

此外，金融公司和保险公司也需要重视 AI 技术带来的技术风险、安全风险和道德风险，确保技术发展的可持续性和可靠性。

信用评估和智能核保只是人工智能技术在金融和保险领域应用的冰山一角，未来人工智能技术将会带来更多的创新应用，改变金融和保险领域的发展生态。金融公司和保险公司需要不断探索和创新，积极应对人工智能带来的挑战和机遇，实现可持续发展。

其次，金融公司和保险公司要应对市场和政策的变化。随着数字化进程的加快和监管政策的变化，金融和保险领域迎来了前所未有的发展机遇。当下，AI 技术在金融和保险领域的应用得到了政策层面的支持，例如，中国人民银行征信中心推出基于 AI 技术的信用评分系统，帮助金融机构更好地评估借款人的信用风险。利好政策将促进金融和保险领域的创新和发展，也为人工智能技术的应用提供更好的环境。

金融和保险领域属于公共服务领域，其中存在许多复杂的问题。金融公司和保险公司需要积极响应政策变化，制定合规的业务策略，降低政策风险和监管风险。

再次，金融公司和保险公司要注意客户需求的变化。随着经济和社会的发展，客户对于金融和保险服务的需求也在不断变化。例如，随着人口老龄化的加剧，养老保险和医疗保险成为越来越重要的需求。金融公司和保险公司需要不断地调整业务策略，满足客户的需求，提高客户服务质量。

最后，金融公司和保险公司需要加强技术研发和人才培养，推动 AI 技术在金融和保险领域的创新和应用。同时，金融公司和保险公司也需要加强与科研机构、行业协会的合作，推动 AI 技术的发展和规范化应用。

此外，AI 技术的应用离不开大量的数据，这些数据包含客户的个人信息和商业机密。金融公司和保险公司需要加强信息安全和数据保护，确保客户数据不会被泄露。

总的来说，AI 技术的应用给金融和保险领域带来深刻的变革。未来，AI 技术将会在金融和保险领域的更多场景中落地应用。金融公司和保险公司需要积极响应技术变革，推动技术创新和应用规范，提高业务运作效率和客户服务质量，实现可持续发展。

10.3 量化交易与金融科技创新

下面我们将探讨量化交易与金融科技创新如何改变金融与保险领域的生态格局。正如生态系统中的物种演化一样，金融与保险领域也经历了一场技术驱动的变革。在这场变革中，量化交易与金融科技创新成为金融生态系统中的关键因素，它们不仅改变了投资者和市场参与者的行为，还塑造了一个全新的金融格局。

首先，来关注量化交易。在过去，投资者依赖于直觉和经验作出投资决策。然而，随着计算能力的提高和大数据技术的发展，这种传统的决策方法逐渐被量化交易取代。量化交易是一种利用数学模型、统计分析和计算机算法来分析市场数据并执行交易的方法。它就像一个数学专家，能够在繁杂的市场数据中找到隐藏的规律，给投资者带来更加准确的投资建议。

一个典型的量化交易案例是 Renaissance Technologies 公司。这家对冲基金公司由数学家詹姆斯·西蒙斯（James Simons）创立，凭借先进的量化交易技术，Renaissance Technologies 在过去多年里取得了令人瞩目的投资业绩。Renaissance Technologies 的 Medallion Fund（大奖章基金）曾连续 20 年年化收益率超过 35%，成为全球最成功的量化交易基金之一。这家公司的成功展示了 AI 技术在量化交易方面的应用价值，以及 AI 技术和数学模型对提高金融市场中投资回报的积极作用。

然而，量化交易并非没有挑战。随着市场参与者越来越多地采用量化交易策略，市场的运行效率不断提高，导致可利用的套利机会减少。在这种情况下，量化交易策略需要不断地创新和优化，以适应不断变化的市场环境。正如生物在自然环境中不断演化适应外部环境变化一样，量化交易策略也需要在市场竞争中不断进化，以保持其竞争优势。

其次，除了量化交易之外，金融科技创新也在改变金融和保险领域的生态格局。许多金融科技公司利用 AI、区块链和云计算等先进技术，为客户提供更便捷、高效的金融服务。这些金融科技创新就像生态系统中的新物种，在金融领域迅速崛起，给传统金融机构带来了巨大的竞争压力。

一个值得关注的金融科技创新案例是美国在线贷款平台 Lending Club。Lending Club 使用 AI 和大数据技术对借款人进行信用评估，为投资者提供了一个去中心化的借贷市场。与传统银行相比，Lending Club 能够提供更低的贷款利率和更高的投资回报，从而吸引了大量的用户。在 Lending Club 成功的背后，是 AI 技术在金融领域的广泛应用，以及金融科技创新对金融服务业产生的颠覆性影响。

金融科技创新也对其他领域产生了影响，如保险、财富管理和监管科技等。在这些领域，金融科技创新以前所未有的速度改变着行业格局，推动着金融与保险行业的全面升级。

总之，在金融与保险领域，AI 技术驱动的量化交易和金融科技创新正以不可抵挡的力量改变着市场格局，推动着整个行业的发展。在这个充满无限可能的新时代，投资者、金融公司、保险公司等市场参与者需要密切关注市场中的变革，以更好地把握发展机遇。在快速变化的金融世界中，合适的监管政策和框架需要被制定出来，以确保金融市场的稳定和公平。

值得注意的是，这场金融科技革命也带来了一系列潜在的风险。例如，随着量化交易在金融市场中的普及，市场的波动性可能会加大，从而增加系统性风险。为了应对这些挑战，金融市场参与者需要提高自身的风险管理能力，在制定发展策略时应充分考虑市场中存在的不确定性因素。此外，金融科技创新可能引发数据安全和隐私问题。这些问题都需要得到解决，以保护用户的利益。

让我们一起展望未来，期待 AI 在金融与保险领域取得更多惊人的成果。或许在不久的将来，我们将见证一个全新的金融生态系统诞生，给我们带来一个充满活力、智慧和创新力的世界，让财富升级之路越发通畅。

第 11 章

AI 在制造与物流领域的应用

在制造与物流行业，每一个工序、每一个流程，都直接影响着企业的效率、成本和客户的满意度。人工智能以其强大的分析和预测能力，正在引领这个行业的变革。在本章中，我们将探讨 AI 在制造与物流领域的应用，以揭示其在提升行业效率和服务质量中的重要作用。

11.1 智能制造与品质控制

在智能制造与品质控制领域，AI 如同一位严谨的艺术家，致力于精雕细琢每一个细节，为我们呈现精美绝伦的“艺术品”和一个全新的制造世界。在这个世界中，生产线上的机器不再是死板的工具，而是敏锐的观察者，它们能够迅速地捕捉到产品质量的微妙变化，从而确保每一个出厂的产品都有高品质。

以汽车制造为例，在传统的汽车生产过程中，品质控制往往依赖于人工检验。然而，随着汽车制造业的不断发展，产品的复杂性不断提高，生产规模不断扩大，人工检验的局限性越发明显。而现在，AI 的加入为汽车制造业带来了翻天覆地的变革。在品质控制方面，计算机视觉技术发挥重要作用。通过使用高精度的相机和传感器捕捉生产线上的图像和数据，AI 系统能够快速对生产情况进行分析，从而实时监控产品质量。

一个具体的案例是特斯拉。特斯拉是一家全球知名的电动汽车制造商，是智能制造与品质控制方面的优秀代表。特斯拉在其生产线上广泛应用 AI 技术，以实现对产品质量的实时监控。通过使用计算机视觉技术，特斯拉的 AI 系统能够自动识别出生产过程中的缺陷，如漆面划痕、组装不良等问题，并立即向操作员发出警报。如此一来，特斯拉成功地将产品的良品率提高到了前所未有的水平，大幅降低了生产成本和售后维修的压力。

AI 在智能制造与品质控制方面的应用远不止于此。在电子产品制造领域，苹果公司便是一个典型的案例。作为全球知名的科技巨头，苹果公司一直以其产品的精湛工艺和卓越品质备受赞誉。在苹果公司的生产线上，AI 技术也发挥着关键的作用。通过使用计算机视觉技术，苹果的 AI 系统能够在生产过程中自动检测到电路板上微小的缺陷或者元器件的异常，从而确保每一台手机、平板电脑、台式电脑和笔记本电脑都能达到严格的品质要求。这种对细节的极致追求，正是苹果产品在全球范围内受到广大消费者欢迎的重要原因。

在制药领域，AI 技术也展现出强大的潜力。传统上，药品生产过程中的质量检验是一个耗时且烦琐的环节。然而，随着 AI 技术的引入，药品生产环节的质量控制得以实现智能化。例如，利用计算机视觉技术对药片进行实时检测，可以迅速识别出药片在形状、大小和颜色上的异常，从而确保药品的质量稳定。同时，借助于大数据分析，AI 系统可以预测药物生产过程中可能出现的问题，从而帮助制药企业提前采取措施避免生产事故的发生。

AI 在智能制造与品质控制方面的应用，提升了制造业的生产效率和产品质量。随着 AI 技术的不断发展与完善，我们有理由相信，在不久的将来，智能制造将成为推动全球经济增长的重要引擎。而我们，正站在这个变革的风口之上，目睹着人类社会迈向一个更加美好、智能的未来。

在这个风口之上，我们需要进一步挖掘 AI 在智能制造与品质控制方面的潜力。未来，随着机器学习、自然语言处理和计算机视觉等 AI 技术的进一步发展，更多产品的生产制造和品质控制都将实现智能化。

例如，在航空制造领域，AI 技术可以解决一些长期阻碍该领域发展的难题。在飞机制造过程中，设计师和工程师面临着如何在有限的空间内优化各种系统的布局以提高飞机性能和舒适度的挑战。通过利用 AI 系统，设计师可以在短时间内对无数种可能的方案进行评估和优化，从而获得最佳的设计方案。

在供应链管理领域，AI 技术也将发挥越来越大的作用。通过对大量的供应链数据进行实时分析，AI 系统可以帮助企业预测市场需求，从而实现精准的库存管理和调整。此外，AI 还可以在全球范围内为企业提供供应链风险预警，从而降低突发事件给企业带来的损失，提升企业的应急处理能力。在一个充满不确定性的世界里，AI 为供应链管理带来了前所未有的灵活性和稳定性。

我们正处在科技发展的大潮之中，AI 在智能制造与品质控制方面的应用成为大潮奔涌向前的一股强大推力。在这个波澜壮阔的时代，我们将目睹 AI 如何彻底改变制造业，并进一步推动全球经济的繁荣与发展。

11.2 自动化仓储与物流优化

在科技潮流中，我们已经目睹了 AI 在各个领域的广泛应用。如同潮水般汹涌而来的变革，席卷了制造与物流领域。下面我们将探讨 AI 在自动化仓储与物流优化方面的应用，为新时代仓储服务和物流行业的发展方向提供借鉴。

自动化仓储成为提高物流效率的重要影响因素。随着 AI 技术的发展，自动化仓库逐渐替代传统的人工仓库。在这个过程中，无人搬运车、自动分拣系统、货物识别与追踪技术等都发挥着关键作用。在这个智能化时代，仓库的运作将更加高效、精确和安全。

以亚马逊为例，这家知名电商巨头为深入挖掘自动化仓储的潜力，收购了自动化物流提供商 Kiva Systems，将其仓储机器人技术融入自己的仓库系统，从而实现了高度自动化的仓储管理。Kiva 仓储机器人在仓库内穿梭，为员工提供所需的货物，从而大幅提高了货物拣选效率。据统计，亚马逊在采用 Kiva 仓储机器人后，货物拣选速度提高了 50%，节约了 20% 的仓储空间。

此外，亚马逊还在仓库中应用了无人机，以实时监控库存情况。这极大地提高了仓库的作业效率，有助于亚马逊作出更为精准的库存管理决策。

在物流优化方面，AI 技术也表现出强大的潜力，发挥着越来越重要的作用。通过对大量的物流数据进行分析，AI 系统可以帮助物流公司制定最佳的配送路线、预测交通状况并合理分配运力，帮助企业节省运输成本，提高客户满意度。

智能物流成为物流行业在未来的重要发展趋势。利用AI技术，物流公司可以实现实时的货物追踪和调度，从而提高运输效率。

例如，国际物流巨头FedEx已经开始利用AI技术优化其物流网络。FedEx运用AI技术分析全球范围内的航班数据、天气预报、道路状况等信息，为包裹制定最佳的运输方式和路径。借助于AI技术，FedEx缩短了10%的运输时间，同时降低了成本。

科技的力量推动着我们不断向前。AI在自动化仓储与物流优化方面的应用不仅让企业受益，还提升了整个社会的运转效率，推动了人类社会的繁荣发展。我们可以想象，在不远的将来，无论是仓储还是物流，都将变得越来越智能化和自动化。当AI技术与其他尖端技术，如物联网、大数据和区块链等紧密结合时，我们将迎来一个全新的智能化时代，获得更多的发展机遇，同时也面临更多挑战。

未来的仓库可能会变得更加智能，以至于仓储环节不需要任何人工干预。传感器、无人机和机器人将在货架间穿梭，自主完成拣选、包装和运输等工作。这种高度自动化的仓库将大幅提高生产力，降低企业的运营成本。

物流行业也将迈向自动化和智能化。自动驾驶卡车行驶在公路上，实现货物的长途运输。而在城市内部，无人机和地面机器人会承担起送货的任务，为客户提供更快捷、高效的物流配送服务。

在这样一个日新月异的时代，我们需要重新审视制造行业与物流行业的未来。随着AI技术的深入应用，企业将不得不适应这个变革，重新构建自己的商业模式和组织结构。同时，行业组织和教育机构也需要密切关注 AI 技术带来的影响，采取相应的对策，制定发展规划，以确保这场技术革命能够惠及整个社会。

随着科技的不断进步，人工智能、大数据、机器学习等新兴技术已经开始渗透到我们生活的方方面面，包括制造和物流领域。这些技术的应用不仅帮助企业提高了生产效率、降低了成本，还带来了许多前所未有的创新机会。

首先，自动化仓储正在逐步取代传统的人工仓储。在智能仓库中，自动化货架、拣货机器人和物联网设备的应用，让企业实现了库存的精确管理，减少了库存损耗和人力成本。这种高度自动化的仓库还能实时监控库存状况，为企业提供准确的数据支持，从而实现更高效的供应链管理。

例如，亚马逊的仓库就广泛使用了机器人。这些机器人可以在仓库中自由穿梭，自动搬运货物，极大地提高了仓库作业的效率。此外，亚马逊还利用大数据和人工智能技术，对用户的购买行为进行分析，预测用户未来的需求，并根据预测结果调整仓库的库存布局，从而降低库存成本和缺货风险。

其次，物流优化技术正在改变传统的配送方式。通过运用机器学习、大数据和优化算法，企业可以实现更精确、高效的物流规划。这种技术可以帮助企业预测交通状况，选择最佳的配送路线，避免拥堵和延误，从而降低运输成本、提高客户满意度。

以优步为例，这家公司运用大数据和机器学习技术，对用户的出行需求进行预测，实现实时调度和动态定价。在物流领域，优步推出了名为 Uber Freight 的货运服务平台。这个平台通过自动匹配货物和空闲卡车，帮助企业和司机提高运输效率，降低空驶率。

未来，人工智能技术将在物流领域实现更多创新。例如，自动驾驶卡车和无人机送货将成为可能。谷歌、特斯拉等科技巨头已经投入巨资来研发自动驾驶技术，并取得了一定成果。未来，自动驾驶卡车可能在高速公路上以编队行驶的方式，实现更高效、安全的货物运输。

亚马逊、谷歌等公司也尝试使用无人机送货，以缩短送货时间，降低配送成本。当然，自动驾驶卡车和无人机送货还面临着诸多挑战，如技术、法规等方面的挑战。但随着技术的发展和政策的完善，这些设想在未来有望成为现实。

区块链技术也对物流行业产生了深远的影响。区块链技术能够实现数据的去中心化、安全存储和共享，从而提高供应链的透明度和安全性。未来，基于区块链技术的智能合约将能自动执行货物交付、支付等业务流程，降低交易成本和风险。例如，IBM、雀巢等公司正积极推动区块链技术在供应链管理中的应用，以提高食品安全溯源能力。

虽然人工智能技术在制造和物流领域的应用仍然面临诸多挑战，但我们相信，在科技的推动下，人工智能技术在这些领域的应用将取得更加显著的突破。智能制造、自动化仓储、物流优化等技术的发展将给我们带来更高效、便捷、绿色的生产方式和生活方式。技术发展是必然的趋势，我们应该把握这些趋势，充分利用人工智能技术，为未来的财富自由之路铺设坚实的基石。

总之，人工智能技术正在深刻改变制造与物流领域的发展格局。从智能制造、品质控制，到自动化仓储与物流优化，AI 在制造与物流领域展现出巨大潜力。未来，随着技术的不断发展和创新，人工智能将进一步引领制造与物流领域迈向发展新高度。

11.3 产业链协同与供应链金融

了解了 AI 在智能制造、品质控制、自动化仓储和物流优化等方面的应用后，我们将进一步探讨 AI 在产业链协同与供应链金融方面的应用及发展前景。

产业链协同是指产业链上的企业通过共享信息、资源和技术，实现业务流程的整合、优化和协同，从而提高整个产业链的竞争力。在人工智能技术的加持下，产业链协同迈向更高的智能化水平。人工智能技术可以帮助企业更精确地预测用户需求，实现库存优化、生产计划调整、物流规划等方面的协同。同时，人工智能技术还可以提升供应链金融的效率和安全性，为企业提供更便捷、成本更低的融资服务。

以全球零售巨头沃尔玛为例，通过引入人工智能技术，沃尔玛实现了供应链的智能化管理。沃尔玛运用大数据和机器学习算法，对消费者的购买行为进行分析，预测未来的销售趋势，并据此调整生产和物流计划。通过这种方式，沃尔玛成功降低了库存成本，提高了供应链的响应速度。此外，沃尔玛还与 IBM 合作，利用区块链技术提高供应链的透明度和安全性，实现了食品安全和溯源的有效管理。

与此同时，供应链金融作为一种创新的金融服务模式，正在受到越来越多企业的关注。供应链金融是指金融机构通过对企业在供应链上的各种交易数据进行分析，为其提供贷款、保理等金融服务。在人工智能技术的支持下，金融机构可以更准确地评估企业的信用风险，提高资金使用效率，降低融资成本。

未来，随着技术的不断发展，人工智能在产业链协同与供应链金融领域的应用将更加广泛。首先，基于人工智能的需求预测和生产计划调整技术将进一步发展，企业能够更精准地掌握市场动态，实现供应链的高效协同。此外，物联网、5G 等新兴技术的发展使供应链数据的采集更加便捷，进一步推动供应链实现智能化发展。

其次，区块链技术将在供应链金融领域发挥更大作用。区块链技术可以提高数据的透明度、降低交易成本、加快资金流转，能够帮助金融机构实现更高效的跨境支付和清算服务，为全球贸易提供有力支持。

最后，人工智能技术将改变金融机构的风险管理方式。通过运用机器学习、深度学习等先进技术，金融机构可以更准确地识别潜在风险，实现风险的精细化管理。此外，人工智能技术还可以帮助金融机构优化投资组合，提高投资回报，为供应链金融提供更为稳定的资金来源。

在 AI 技术的推动下，产业链协同与供应链金融迎来了前所未有的发展机遇。这些创新技术将帮助企业实现供应链的高效协同，降低运营成本，提高竞争力。同时，智能化的供应链金融服务将为企业提供更便捷、成本更低的融资支持，助力企业成长和创新。我们相信，在未来的财富自由之路上，产业链协同与供应链金融将发挥越来越重要的作用。

未来的供应链金融市场将更加多元化和细分化，为企业提供更为个性化的金融服务。例如，人工智能系统将通过分析企业的历史交易数据、市场动态等信息，为企业提供定制化的供应链金融解决方案，帮助企业实现精细化管理，降低融资成本。此外，金融科技公司和创新型金融服务商将在供应链金融市场中发挥越来越重要的作用，为企业提供更多元化、灵活的融资方式。

AI 技术还将推动供应链金融的普及，助力普惠金融的发展。在过去，供应链金融服务主要面向大型企业，很多中小企业难以享受到这些服务。然而，随着 AI 技术的发展，金融机构将能够更快速、成本更低地评估中小企业的信用风险，使更多中小企业能够获得供应链金融服务。

不仅如此，AI 技术还将推动供应链金融的全球化。随着跨境电商的快速发展，越来越多的企业需要在全球范围内实现供应链协同，拓展市场。AI 技术将帮助金融机构实现更高效的跨境支付和清算服务，为企业提供更便捷的国际贸易融资支持。基于 AI 技术的供应链金融平台将打破地域限制，让企业能够在全球范围内寻找最优的供应商和客户，实现供应链的全球优化布局。

AI 技术还将为供应链金融带来更多的创新机遇。例如，金融机构可以运用人工智能技术和区块链技术开发新型的供应链金融产品，为企业提供更加安全、透明的融资服务。企业可以利用大数据、云计算等技术，实现供应链数据的实时共享和协同分析，提高供应链金融的管理效率。

总之，AI 技术将在产业链协同与供应链金融方面发挥越来越重要的作用。AI 不仅能够优化供应链金融的运作模式，还能为企业提供更高效、安全、透明的金融服务，助力企业在全球市场中取得竞争优势。

在产业链协同与供应链金融方面，AI 主要呈现以下几个发展趋势。

（1）绿色供应链金融。随着人们环境保护意识的提高，越来越多的企业开始关注绿色供应链金融，即通过供应链金融手段支持绿色产业、低碳经济的发展。AI 技术可以协助金融机构更准确地识别绿色产业链中的风险和机遇，为企业提供更具针对性的绿色金融服务。

（2）供应链金融风险防控。AI 技术将在供应链金融风险防控方面发挥关键作用。金融机构可以利用 AI 技术实时监控企业的信用状况、市场动态等信息，有效识别潜在风险，从而提前采取措施防范风险。

（3）供应链金融的智能化服务。随着 AI 技术的发展，供应链金融服务将更加智能化。金融机构可以运用 AI 技术为企业提供个性化的金融服务，如智能咨询、智能投资建议等，帮助企业实现财富增值。

（4）跨界融合。未来，供应链金融可能与其他金融科技领域跨界融合，如互联网金融。这种跨界融合将为企业提供更丰富、更高效的金融服务，进一步推动供应链金融的发展。

（5）监管与合规。随着 AI 在供应链金融领域的广泛应用，监管部门将面临新的挑战，例如，如何确保金融机构合规运作、保护用户隐私等。未来，监管部门可能需要与金融机构、科技公司等多方合作，共同建立适应 AI 时代的监管体系。

总之，AI技术引领产业链协同与供应链金融进入一个全新的发展阶段。企业、金融机构和监管部门需紧密合作，共同应对挑战，共创制造与物流领域的美好未来。

第 12 章

AI 在教育、医疗与公共服务领域的应用

教育、医疗和公共服务，都是关乎社会福祉，关乎人类生活质量的重要领域。人工智能以其强大的数据处理和个性化服务能力，正在为这些领域带来翻天覆地的变化。在本章中，我们将探讨 AI 在教育、医疗和公共服务领域的应用，揭示其在提升服务质量和公平性中的关键作用。

12.1 个性化教育与智能辅导

21 世纪是一个前所未有的大变革时代。AI 技术以惊人的速度渗透着我们日常生活的方方面面，教育、医疗与公共服务领域也不例外。下面我们将探讨 AI 如何推动个性化教育与智能辅导的发展，从而彻底改变传统的教育、辅导模式。

想象一下，孩子们每天早晨起床，打开电子设备开始上课，这个设备不再是一个简单的信息传递工具，而是一个能够满足每个孩子独特学习需求的智能教师。它能够根据每个孩子的兴趣、学习速度和能力为其定制学习计划，从而让他们在学习过程中获得更多的乐趣与成就感。这便是 AI 技术带来的个性化教育与智能辅导愿景可能呈现的具体场景。

在这些愿景中，我们可以看到 3 个关键要素：个性化、实时反馈和持续进化。

1. 个性化

传统教育模式往往忽略了每个学生的独特性，导致许多学生在学习过程中感到挫败和沮丧。而 AI 技术能够根据每个学生的学习数据和行为特征为其提供定制化的教学内容与方法，让每个学生都能在适合自己的学习环境中茁壮成长。个性化教育的实现离不开以下几个方面的技术应用。

（1）通过分析学生的学习数据，为每位学生提供个性化学习路径。AI 技术可以自动分析学生的学习进度、知识掌握情况、学习习惯等多维度信息，为每位学生量身定制学习计划，确保教育资源的合理利用。

（2）为学生智能推荐学习资源。基于学生的兴趣、能力和知识结构，AI 技术可以为学生推荐合适的学习资源，如电子图书、课程、实验、项目等，从而激发学生的学习兴趣和主动性。

（3）提供个性化的学习评估与反馈。AI 技术可以根据学生的学习表现为其提供及时、有针对性的评估与反馈，帮助学生及时发现和弥补知识盲点，提高学习效果。

以教育技术公司 Knewton 为例，它的个性化学习平台能够根据学生的学习数据为其提供个性化的学习建议，从而帮助学生更有效地掌握知识。据统计，使用 Knewton 平台的学生在数学和阅读领域的成绩平均提高了 14%。

2. 实时反馈

AI 技术可以实时监测学生的学习过程，为他们提供及时的反馈与指导。这种实时反馈不仅能够让学生及时了解自己的学习情况，还能够让教师更好地掌握学生的学习进度，从而为学生提供更有针对性的帮助。

以语言学习应用 Duolingo 为例，它运用 AI 技术实时分析学生的学习数据，为学生提供个性化的反馈和建议。相关研究证明，学生使用 Duolingo 学习 34 个小时所达到的语言水平，相当于学生学习一个学期的大学语言课程所达到的水平。

3. 持续进化

随着大量学习数据的积累，AI 技术能够不断优化教学方法和策略，从而实现教育质量的持续提升。此外，AI 技术还可以帮助教师和学生发现潜在的学习障碍，提前制订解决方案，避免学生在学习过程中产生挫败时感。

以教育科技公司 Carnegie Learning 为例，其研发的智能数学教学系统可以根据学生的答题情况实时调整题目难度和类型，确保学生始终在适当的挑战度下学习知识。使用 Carnegie Learning 的智能数学教学系统的学生的数学成绩有了大幅提升，学习兴趣更加浓厚，学习主动性更高。

AI 技术在个性化教育与智能辅导领域的应用不仅能够提高教育质量，还能让更多人受益。在教育资源匮乏的地区，AI 技术有望解决教育资源分布不均衡的问题，为当地的学生提供高质量的教育资源。例如，One Laptop per Child 项目试图通过提供低成本、易于使用的电子设备，让贫困地区的孩子也能享受到 AI 带来的个性化教育与智能辅导服务。

总之，AI 技术正以一种前所未有的速度和力量改变教育格局。

在个性化教育与智能辅导领域，AI 技术将为学生提供一个更加公平、高效的学习环境，让每个学生都能在技术的助力下高效地学习。

然而，AI 技术在教育领域的应用也带来了一系列挑战。例如，如何确保 AI 技术的普及不会加剧教育资源分布不均衡？如何确保 AI 技术的应用不会侵犯学生和教师的隐私？如何防止 AI 技术的滥用和误导？未来，学校、科技公司等多方需要共同努力，确保 AI 技术在教育领域的应用能够真正造福人类，让教育更加公平、高效和包容。

12.2 精准诊断与远程医疗

在科技的浪潮中，医疗领域也迎来了一场伟大的变革。AI 技术的广泛应用推动医疗服务更加精准、高效。让我们一起穿越时空的隧道，进入这个充满无限可能的未来医疗世界。

精准诊断就像一位善于分析的医学专家，他能够通过分析患者的病史、生活习惯、基因特征等多方面的信息，为医生提供更加精准的诊断建议。以 DeepMind 为例，该公司开发的 AlphaFold 系统在蛋白质结构预测领域取得了重大突破，能够帮助科学家更快地了解疾病的发病机制，进而开发出有针对性的治疗方法。

在远程医疗领域，AI 技术如同一座桥梁，拉近了患者与医生之间的距离。通过智能化的远程医疗平台，患者可以在家中接受专业医生的诊断与治疗，特别是在医疗资源匮乏的偏远地区，这种模式将极大地改善医疗服务质量。

AI 在精准诊断与远程医疗领域的具体实践不断增多。假设在一个偏远的小山村，有一位年迈的老人，他因长期腰痛而倍感痛苦。在传统的医疗模式下，他可能需要长途跋涉到城里的医院就诊，而在这个过程中，病情可能会进一步恶化。然而，在 AI 技术的帮助下，这位老人可以通过智能手机或者平板电脑进行远程医疗咨询，得到及时救治。

首先，AI 系统会收集、分析老人的年龄、病史、症状等信息，为医生提供初步的诊断依据。其次，AI 系统会将老人的信息传输给城市医院中的专家。最后，专家可以根据这些信息为老人制订治疗方案，并在必要时与老人视频通话，详细了解病情。在整个过程中，AI 技术的参与让医生能够更加高效地处理患者的信息，为患者解决相应问题。

AI 技术在精准诊断与远程医疗领域的应用日益广泛，推动医疗行业变革。下面将深入解析一些具体案例，以了解 AI 是如何在这一领域发挥作用的。

以皮肤癌诊断为例。皮肤癌是常见的癌症之一，然而，传统的皮肤癌诊断方法依赖于医生的经验和技巧，容易出现误诊。一个名为 DermEngine 的 AI 诊断系统应运而生。医生只需将皮肤图像上传到系统，系统可以自动判断其是否患有皮肤癌。研究表明，DermEngine 的诊断准确率高达 95%，远超传统方法。如此高效的 AI 辅助诊断系统不仅节省了医生的时间，还为患者提供了更准确的诊断结果。

在心血管疾病诊断方面，以色列一家名为 Zebra Medical Vision 的公司开发了一个 AI 辅助诊断系统，用于分析心脏超声图像。这个系统能够准确识别出心脏瓣膜疾病、心肌病等病变，帮助医生提前发现患者的心血管疾病风险。这一技术的应用有助于降低因心血管疾病导致的死亡率和医疗成本。

在远程医疗领域，AI也展现出强大的潜力。美国一家名为Teladoc的公司开发了一个基于AI的远程医疗平台。借助这个平台，患者可以随时与医生视频通话，获得及时的诊断和治疗建议。此外，该平台还可以根据患者的病史、检查结果等数据，为患者提供个性化的治疗方案。这种智能的远程医疗服务，不仅为患者提供了方便，还提高了医疗服务的质量。

AI技术在精准诊断与远程医疗领域的应用不断深入，还拓展到眼部、神经、肿瘤等疾病诊断领域。例如，DeepMind公司开发了一个名为OCT的AI眼部诊断系统。这个系统可以在几秒钟内对眼底图像进行分析，大幅节省病患的检查时间，帮助眼科医生完成初步的眼底疾病筛查，准确率非常高。医疗行业的决策者、技术开发者和从业者需要共同努力，以确保AI技术在医疗领域的健康发展。

尽管面临诸多挑战，但AI在医疗领域的应用前景依然广阔。随着技术的不断发展，我们有理由相信，AI将为全球医疗行业带来翻天覆地的变革。未来，AI将与医生形成紧密的协作关系，共同为患者提供更加精准、高效的诊疗服务。在这个过程中，医生的角色将从单纯的诊疗者转变为与AI共同解决问题的专家。与此同时，患者也将更加积极地参与自己的健康管理，与医生和AI系统共同推动医疗服务的创新和发展。

此外，AI技术还将推动全球医疗资源的优化配置。以往，医疗资源往往集中在大城市，而偏远地区的患者难以获得优质的医疗服务。随着 AI 技术在远程医疗领域的应用，这种不平衡的现象将得到改善。通过 AI 技术，医生可以为全球各地的患者提供实时的诊断和治疗，打破地域和经济的限制，让优质医疗资源惠及更多人群。

总之，AI 技术在医疗领域的应用将不断深化，带来诸多积极变化。未来的医疗行业将变得更加智能化、个性化和高效化，为全球患者提供更加优质的服务。然而，我们也应明白，AI 技术在医疗领域的应用并非一帆风顺，需要跨学科的合作和努力，才能克服众多挑战。在此，企业、医疗行业的决策者和从业者需要共同关注 AI 技术在医疗领域的发展，为全球患者创造一个更加美好的医疗环境。

12.3　智慧城市与公共安全

在 21 世纪的城市中，我们不仅可以感受到科技带来的便捷，还可以看到 AI 技术给公共服务领域带来的巨大变革。AI 在智慧城市与公共安全领域扮演着指挥家的角色，协调各种资源，为城市发展注入活力。下面我们将一同探讨 AI 在智慧城市和公共安全领域的应用，以及这些应用所带来的影响。

智慧城市已经成为现代城市发展的重要方向。借助于先进的信息技术和智能手段，智慧城市能够整合各种城市资源，提升城市运行效率和人民生活品质。在打造智慧城市的过程中，AI 扮演着关键角色。它通过对海量数据进行实时分析，为城市管理者提供精准的决策支持。以交通管理为例，AI 可以通过对交通监控摄像头捕捉到的数据进行分析，预测交通拥堵，并为解决拥堵问题提供建议。例如，新加坡已经成功实施了一套智能交通管理系统，有效地缓解了交通压力，提高了城市道路的通行效率。

除了交通管理外，AI 还可以应用于公共安全领域。警察可以利用 AI 技术对大量的犯罪数据进行挖掘和分析，预测犯罪可能发生的区域和时间。这一技术已经在洛杉矶实施，被称为“预测性警务”，成功降低了犯罪率。此外，AI 还可以进行人脸识别，帮助警察快速识别犯罪嫌疑人。我们可以看到，AI 技术在维护公共安全方面具有巨大潜力。

智慧城市中的 AI 技术还可以为市民提供更加便捷的公共服务。例如，在很多城市，市民可以通过手机 App 预约公共服务，如预约挂号、停车位等。而在后台，AI 系统可以根据预约情况，调整医院、停车场等公共设施的资源配置，以满足市民的需求。AI 还可以为残障人士提供无障碍服务，例如，一家名为 Ota City 的公司已经成功研发出一款 AI 导盲杖。这款设备可以通过 AI 识别周围的环境，为视力受损者提供实时导航。这一创新无疑为残障人士带来了更加自由、便捷的出行体验。

在环境监测和治理方面，AI 技术同样发挥着巨大作用。通过对空气质量、噪声、温度等环境数据的实时分析，AI 可以为城市管理者提供精准的环境治理方案。例如，北京多所学校已经部署了智能空气净化器。智能空气净化器可以感知空气质量并自动调整运行模式，以实现最佳的空气净化效果。

未来，智慧城市与AI技术的融合将进一步加深。例如，通过AI技术分析市民的生活习惯和需求，城市规划者可以更科学地规划城市空间，为市民创造更加宜居的环境。此外，随着物联网技术的发展，我们将看到更多AI驱动的智能设备出现在城市中，如智能垃圾桶、智能路灯等。这些设备将进一步提高城市的运行效率，提升市民的生活品质。

总之，AI在教育、医疗与公共服务领域的应用能够为人们创造更加美好的生活。在智慧城市与公共安全领域，AI已经展现出巨大的潜力。然而，我们也需要正视技术发展带来的挑战，及时采取应对措施，确保AI技术的可持续发展。

未来，随着AI技术的不断发展和进步，智慧城市将呈现出更加多元化的特点。例如，通过AI技术，我们可以实现对城市绿化、生态环境的实时监测，打造更加优质的城市生态环境。AI技术还可以应用于城市能源管理，实现能源的节约和高效利用。例如，荷兰阿姆斯特丹已经采用AI技术对城市能源系统进行优化，成功降低了城市的碳排放量。

AI技术将在公共服务方面发挥更大作用。以公共卫生为例，AI可以通过对大量公共卫生数据的分析，帮助疾控中心预测流行病的发展趋势，为流行病防控和药物研发提供有力支持。随着技术的进一步发展，我们可以期待AI在公共卫生领域发挥更大的作用。

在应急管理领域，AI也有着广泛的应用前景。通过对历史灾害数据的分析，AI可以预测自然灾害的发生，为民众提供预警。同时，AI还可以指导救援人员更加高效地开展救援工作。例如，美国的一个研究团队开发出一套基于AI的救援无人机系统，该系统可以自动识别被困人员，为救援人员提供精确的定位信息。

尽管AI技术在智慧城市和公共安全领域具有巨大潜力，但我们需要警惕过度依赖技术引发的风险。人类作为智慧城市的主体，其主观能动性和创造性是不可替代的。因此，在推动智慧城市建设的过程中，我们应充分发挥主观能动性，以人为本，实现技术与人的和谐共生。

在AI技术为城市建设带来诸多益处的同时，也带来了一些挑战。隐私保护和数据安全是智慧城市建设过程中不可避免的问题。为了解决这一问题，企业需要加大对数据安全的投入，制定严格的隐私保护措施。此外，AI技术在公共安全领域的应用也可能引发伦理道德问题。例如，AI驱动的监控摄像头在提高治安水平的同时，可能侵犯市民的个人隐私。因此，在推广AI技术的过程中，我们需要在技术创新与道德伦理之间寻找平衡。

在这个波澜壮阔的时代，AI的发展与应用势不可当，已深入教育、医疗、公共服务等领域。它将为我们的生活带来前所未有的变革，开启一个全新的时代。然而，在这一进程中，我们必须始终保持头脑清醒，审慎评估AI技术的利弊，确保其为整个社会带来真正的福祉。

在AI引领财富升级之路的探索中，AI在智慧城市与公共安全领域的应用只是一个开始。未来，AI技术将进一步融入各个行业和领域，为人类社会带来更为深远的影响。从教育到医疗，从公共服务到城市规划，AI的“足迹”将遍布世界的每一个角落。

最后，我们需要时刻牢记，技术本身并无善恶之分，关键在于我们如何应用。让我们携手共进，以智慧和勇气引领 AI 技术在教育、医疗与公共服务领域的应用，为构建一个更加美好、公平、安全的世界而努力。

AI + 未来：新型商业形态的诞生与挑战

AI 发展快速，不断推动商业形态创新。在飞速发展的科技时代，AI 无疑是最具革命性的力量之一。它不仅改变了我们理解世界的方式，而且正在深刻地影响商业生态系统。在最后一章，我们将眺望未来，探讨 AI 将如何塑造新型商业形态，以及这一进程中可能遇到的挑战。

13.1 AI 驱动的创新商业模式

随着 AI 技术的飞速发展，我们进入一个崭新的时代。在这个时代，新型商业形态如同万花筒般纷繁复杂，不断涌现出令人惊叹的创新商业模式。AI 技术的进步为这场商业革命提供了强大的驱动力，推动着我们迈向未来。

想象一下，未来的商业领域将如同一个繁荣的生态系统，各种奇妙的“生物”在其中繁衍生息。这些“生物”是由 AI 技术驱动的创新商业模式，它们或潜行于水下，或翱翔于天际，为商业世界注入源源不断的活力。

首先，我们先来了解一种名为“智能匹配”的商业模式。这种模式以独特的方式将供需双方精确匹配，为消费者和企业创造价值与双赢。在这种模式下，以共享经济为代表的商业形态得以蓬勃发展，打破传统行业的壁垒，为人们的日常生活带来极大便利。

其次，还有一种名为“AI 即服务”的商业模式，它将 AI 技术作为一种服务，供企业和个人使用。这种模式汇聚了众多 AI 技术，将其变成可供广泛使用的服务，为各行各业的创新发展提供源源不断的动力。在这种模式下，AI 技术得以快速普及，为全球范围内的用户带来福祉。

最后，AI 技术的加入为金融行业注入了新的活力，改变了传统的金融商业模式。AI 技术就像一位巧手匠人，雕琢出各种精美的金融产品，为投资者和企业提供更多的选择。风险评估、资产配置等金融业务得以重塑，为市场创造更为丰富的机会。

这些创新商业模式的出现，如同星星之火，激发了无数火花，为我们揭示了 AI 技术在未来商业领域的无限潜力。然而，这些“火花”在燃烧的过程中，也带来了一些挑战。

第一个最显而易见的挑战是隐私和数据安全问题。AI 技术的发展使得数据泄露和滥用的风险不断提升。在创新商业模式的背后，企业需要面对如何保护用户隐私和数据安全的问题。对此，企业应建立完善的安全机制，以确保在追求商业利益的同时，用户的隐私和数据安全能够得到充分的保障。

第二个挑战是人工智能的道德和伦理问题。在 AI 技术的驱动下，商业生态变得越发复杂，引发了一些道德和伦理上的问题，如 AI 技术的不公平性、算法歧视等。面对这些问题，我们需要谨慎思考，确保 AI 技术在道德和伦理的框架内得到合理应用。

第三个挑战是 AI 技术的普及可能会对劳动力市场产生冲击。AI 技术的发展让许多传统行业的工作岗位受到了威胁。在这种情况下，相关部门和企业需要共同努力，通过培训和教育等手段，帮助劳动力适应新的技术环境，为他们提供更多的就业机会。

尽管面临诸多挑战，但我们有理由相信，在AI技术的驱动下，未来的商业形态将更加多样化、充满活力，就像一片茂密的森林，各种生物在其中共生共荣，形成一个和谐的生态。

总之，AI技术的发展为商业领域带来了无数的机遇和挑战。正如蝴蝶破茧而出，我们需要用智慧和勇气去拥抱充满变革的未来。在这个过程中，我们需要不断创新，突破传统思维的桎梏，为商业发展谱写新的篇章。

随着AI技术的不断演进，教育、医疗、公共服务、制造、金融等领域都会出现越来越多的创新型商业模式。这些模式将重新定义我们对商业的认知，引领我们进入一个全新的商业时代。在这个时代，AI技术将成为推动商业发展的重要引擎，帮助我们跨越时间和空间的界限，实现前所未有的财富升级。

首先，我们应警惕AI技术在商业领域被过度应用而带来的问题。例如，技术垄断可能导致市场竞争不公平，加剧社会不平等。因此，在拥抱AI技术的同时，我们需要全面思考，以确保AI技术的发展能够造福全人类，实现可持续的商业繁荣。

在这个充满挑战与机遇的时代，我们需要勇敢地面对未知，学会驾驭AI技术，适应AI技术带来的变革。我们应积极建立跨领域的知识体系，提高自身的创新能力和协作能力，以应对日益复杂的商业环境。

其次，我们需要关注AI技术与可持续发展之间的关系。未来的商业形态应当更加关注资源的合理利用和环境保护。在这方面，AI技术可以提供强有力的支持，例如，AI技术能够在能源管理、物流优化、废物处理等方面发挥重要作用。通过将 AI 技术与可持续发展相结合，我们可以共同创造一个更为美好、绿色的未来商业生态。

最后，我们需要不断地反思和审视 AI 技术在商业领域的应用。正如古人所言："君子有所为，有所不为。"在 AI 技术发展的过程中，我们需要在遵守道德和伦理规范的基础上审慎行事，确保 AI 技术为我们带来真正的福祉，而不是带来灾难。

在"AI + 未来"的商业探索中，我们将面临无数的挑战和机遇。我们应勇敢地拥抱这个变革时代，共同开创一个繁荣、创新、可持续的未来。而在这个未来，AI 技术将成为引领财富升级之路的重要力量，指引着我们走向一个充满希望和梦想的新时代。

13.2 企业数字化转型与 AI 赋能

在人类文明的长河中，每一次技术变革都会推动商业领域实现重大突破。就如同蒸汽机引发工业革命、互联网引发科技革命一样，如今，人工智能带领企业迈向数字化转型的新征程。

AI 技术能够赋能企业数字化转型。在这个信息化、智能化的时代，企业需要不断地调整自己的发展战略，以适应快速变化的市场环境。其中，数字化转型成为许多企业关注的重点。下面将通过一系列案例，深入探讨 AI 如何赋能企业实现数字化转型。

首先，我们回顾一下美国零售巨头沃尔玛的发展历程。沃尔玛凭借其规模庞大的线下实体店，在全球零售业独领风骚。然而，随着电商的兴起，沃尔玛开始面临来自亚马逊等竞争对手的巨大压力。为了应对这一挑战，沃尔玛开始进行数字化转型，大力发展电商业务，并利用 AI 技术优化供应链管理，提高客户满意度。例如，沃尔玛利用 AI 技术分析消费者购物数据，实时调整货架、库存，进而实现精准补货。此外，沃尔玛还通过 AI 驱动的语音助手，为客户提供更加便捷的购物体验。这些举措使沃尔玛成功应对了电商浪潮的冲击，重新站稳零售业的龙头地位。

其次，我们来看我国的一家科技企业——海康威视。作为全球领先的安防产品提供商，海康威视不断利用 AI 技术进行产品创新，实现数字化转型。例如，海康威视推出了一款基于 AI 的智能安防相机，可实时识别行人、车辆等目标，进而分析交通状况，预防犯罪活动。同时，海康威视还利用 AI 技术实现工厂生产自动化，提高生产效率。这些举措使海康威视在全球安防市场取得了显著的竞争优势。

AI 赋能企业数字化转型的案例还有很多。例如，宝马汽车公司。作为德国豪华汽车制造商，宝马一直注重创新与技术发展。近年来，宝马加速数字化转型进程，充分利用 AI 技术提升生产效率，提供更加智能的汽车解决方案。宝马在其工厂引入了 AI 技术驱动的机器人，实现生产线自动化。同时，宝马还推出了一款基于 AI 技术的智能驾驶助手，为消费者提供安全、便捷的驾驶体验。这些创新举措使宝马在全球汽车市场中占据了重要地位，为实现无人驾驶奠定了基础。

除了传统企业，许多创新型企业也在积极探索 AI 技术在数字化转型中的应用。例如，美国的初创公司 Nauto 专注于开发基于 AI 技术的驾驶员行为分析系统，帮助交通运输公司增强驾驶员的安全意识，降低交通事故风险。通过将 AI 技术与传感器相结合，Nauto 公司能够实时收集驾驶员行为数据，分析驾驶员的驾驶习惯，并提供实时反馈。

在金融领域，AI 技术也能够助力企业实现数字化转型。例如，为了提高支付安全性和便捷性，美国在线支付公司 PayPal 利用 AI 技术进行风险管理和反欺诈检测。通过对大量交易数据进行分析，PayPal 能够识别出异常交易行为，从而预防欺诈风险。此外，PayPal 还利用 AI 技术优化客户服务，提供个性化的支付解决方案。这使得 PayPal 在全球支付市场中占据了一席之地。

总之，AI 技术正以前所未有的速度改变着各行各业，推动企业实现数字化转型。然而，在这个过程中，企业也面临着诸多挑战，如数据安全问题、人工智能伦理问题等。因此，企业在利用 AI 技术赋能数字化转型时，必须审慎思考、全面规划，确保科技进步与社会发展平衡。只有这样，AI 才能真正成为引领企业繁荣发展的关键力量。

13.3 新型商业形态的诞生

从拥有资产到访问相应的服务的转变，将影响新型商业形态的诞生。在 AI 的推动下，从拥有资产向访问服务转变的速度加快，将影响未来的商业模式。AI、物联网、VR、AR 和机器人等新兴技术的交叉、融合，将改变我们的生活方式和工作方式。

从自动驾驶汽车，到预测我们的购物习惯的推荐引擎，再到可以理解和回应我们问题的虚拟助手，AI 的应用远不止于此。它正在悄然改变我们对物质资产的需求和使用方式，从而影响整个商业模式。

1. AI 即服务

在不远的未来，我们可能不再需要拥有物质资产，而是通过服务来满足我们的需求。例如，你可能不再需要拥有一辆汽车，而是通过自动驾驶汽车的出租服务来满足你的出行需求；你也可能不再需要拥有一套房子，而是通过共享经济平台租赁或共享住宅。

这种从拥有到访问的转变，是由 AI 驱动的。AI 可以通过对大量数据的分析，更准确地预测我们的需求，并提供更个性化的服务。例如，通过 AI，企业可以预测用户的出行需求，并在他需要的时候为他提供自动驾驶汽车。同样，通过 AI，企业也可以预测用户的居住需求，并在他需要的时候为他提供合适的住宅。

2. AI 和物联网的结合

AI 和物联网的结合，将进一步加速从拥有到访问的转变。在物联网的世界里，所有的物品都可以连接到网络，从而实现智能化。通过 AI，我们可以让这些物品更好地为我们服务。

例如，冰箱可以连接到网络，通过 AI 系统了解你的饮食习惯。当食物即将用完时，冰箱可以自动向电商平台下订单，电商平台会将新鲜的食物送到你的家中。

3. AI 和虚拟现实 / 增强现实的结合

AI 和虚拟现实 / 增强现实的结合，也将深刻改变我们的生活方式和工作方式。例如，你可能不再需要去实体店购物，而是在虚拟现实的空间中浏览商品，并通过增强现实技术在家中预览商品的实际效果。AI 让虚拟现实和增强现实的体验更加真实和个性化。

在工作场所，虚拟现实和增强现实可以让我们在任何地方与他人协作。我们可以在虚拟会议室中参加会议，也可以在虚拟实验室中进行实验。AI 让虚拟环境更加智能，互动性更强。

4. AI 和机器人的结合

AI 和机器人的结合，将使机器人能够完成更复杂的任务。例如，借助 AI 系统，机器人可以理解并执行复杂的指令，从而代替人类进行危险或重复的工作。这将进一步推动从拥有资产到访问服务的转变。

例如，你可能不再需要拥有一台洗衣机，而是通过购买服务让机器人为你洗衣服；你也可能不再需要拥有一套烹饪设备，而是通过购买服务让机器人为你烹饪食物。AI 和机器人的结合，将使得我们的生活变得更加便捷和高效。

AI 的发展将推动拥有资产向访问服务的转变，这将深刻改变我们的生活方式和工作方式，并对商业模式产生深远影响。在这个过程中，AI 将与物联网、智能硬件、虚拟现实 / 增强现实技术、机器人等新兴技术深度融合，共同塑造未来的世界。

13.4 AI 带来的挑战

AI 带来的挑战将是全方位的，包含了数据安全、隐私保护和就业变革。在 AI 全面融入的未来，我们必须认识到其中隐藏的挑战。AI 给人类带来了很多福利，但同时，它也给社会、经济和道德底线带来挑战。我们需要认识并面对三大挑战：数据安全、隐私保护和就业变革。

1. 数据安全：新的防线

在 AI 时代，数据是新的核心资源。这意味着我们需要对数据进行保护，因为它们不仅包含了我们的个人信息，还包含了我们的商业秘密。我们必须确保这些数据不会被错误使用或落入不法分子手中，否则可能会带来灾难性的后果。

想象一下，如果一个黑客入侵了一个医疗保健系统，并获取了数以百万计的病人的医疗记录，那么这个黑客不仅可以用这些信息进行身份盗窃，还可以用这些信息来进行针对性的攻击。这就是我们在 AI 时代面临的数据安全挑战。我们需要建立新的防线与措施，以确保我们的数据不被滥用。

2. 隐私保护：透明的世界

在 AI 时代，隐私保护是一个越来越重要的议题。随着 AI 的发展，我们的生活变得越来越透明。我们的购物习惯、阅读偏好，甚至心情波动，都有可能被 AI 系统追踪并分析。虽然 AI 可以通过这些信息为我们提供更好的服务，但我们的隐私数据也有可能被滥用。

想象一下，如果一家零售公司使用 AI 系统来追踪你的购物习惯，并根据你的购物习惯来调整商品价格，那么你就可能被这个公司操控。你可能会被迫购买你并不需要的东西，只是因为 AI 系统认为你需要。这就是我们在 AI 时代面临的隐私保护挑战。我们需要找到一种平衡，既能享受 AI 带来的便利，又能保护我们的隐私不被侵犯。

3. 就业变革：新的工作方式

在 AI 时代，就业模式正在发生深刻的变革。随着 AI 技术的发展，越来越多的工作实现自动化，这可能会导致许多工作岗位消失。同时，也会出现新的工作岗位，这就要求我们拥有新的技能和知识。

想象一下，如果一家公司的所有客服工作都被 AI 系统取代，那么那些原来在客服岗位的人就会失业。但同时，也会出现新的工作岗位，如 AI 系统设计师、AI 数据工程师、AI 数据分析师等。这就是我们在 AI 时代面临的就业变革挑战。我们需要培养新的技能，掌握新的知识，以适应工作环境的变化。

AI 引发人类社会的深刻变革，这些变革带来了无数的机遇，但同时也带来了挑战。我们需要认识到这些挑战，并做好准备。只有这样，我们才能在 AI 时代，更好地享受 AI 带来的便利，而不会被它带来的挑战所困扰。

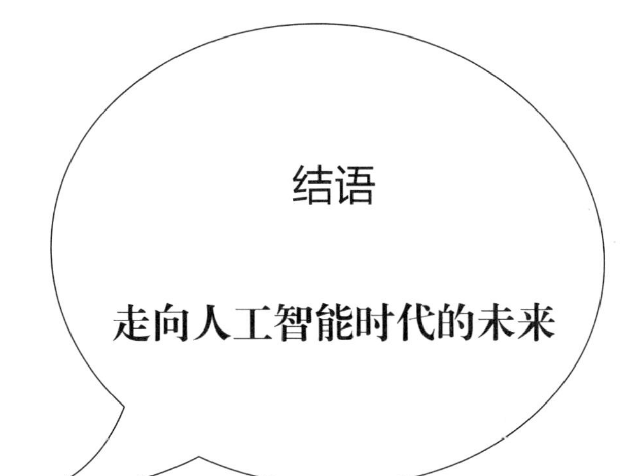

结语

走向人工智能时代的未来

在这本书中，我们探讨了人工智能在各个领域的应用，以及对社会、经济和个人的影响。我们回顾了人工智能的历史和现状，讨论了未来发展趋势，以及可能带来的挑战和机遇。

人工智能技术发展迅速，近年来已经在许多领域实现了重大突破和变革。从个性化教育、医疗辅助诊断，到智慧城市、自动驾驶等，人工智能在各个领域都展现出强大的应用潜力。同时，人工智能也带来了一些挑战和争议，如数据隐私和安全、机器人取代人类劳动等。

随着人工智能技术不断演进，未来的世界将面临许多新的问题和挑战。但是，我们相信这些问题都是能够被解决的，因为人工智能的应用可以给许多方面带来切实的好处和改变。正如在过去 100 年中，科技的发展给人类带来了许多方便和改变，人工智能技术将为人类创造更多的机遇和可能性。

人工智能技术在越来越多的领域得到应用，如教育、医疗、交通、工业、金融等，从而为人类带来更多的福利和改变。随着技术的不断进步和完善，人工智能的能力将更加强大，应用更加广泛，未来的世界将是一个更加智能和便捷的世界。

我们需要在人工智能领域进行更多的研究和探索，以推动其发展和应用，创造更多的价值和福利。在未来的发展中，各大企业需要加强国际合作，共同推动人工智能在全球范围内繁荣发展。

接下来，笔者想谈一谈对于人工智能未来发展的一些预测和展望。

首先，我们可以预见，随着人工智能技术的不断发展，它将会在越来越多的领域得到应用，从而推动人类社会的进步。例如，在医疗领域，人工智能可以帮助医生更快速、准确地进行疾病诊断和治疗；在教育领域，人工智能可以帮助教师更好地对学生进行个性化教育和辅导。这些应用将会使我们的生活更加便利和舒适。

其次，我们也需要认识到人工智能技术所带来的风险和挑战。例如，人工智能可能会取代一些人类工作，导致失业率上升；人工智能可能会导致一些道德和伦理问题，如隐私泄露和歧视性算法。因此，需要有相应的政策和法规来规范人工智能技术的发展和应用，以确保人工智能技术的发展符合人类的利益和价值观。

再次，我们还需要注意到人工智能技术的全球竞争与合作。目前，全球范围内的各个国家和地区都在积极推进人工智能技术的发展和应用，而这些国家和地区之间的竞争与合作将会在未来进一步深化。各个国家和地区需要建立起一个全球性的人工智能合作机制，共同探讨人工智能技术的应用和发展，以实现共赢和共同发展。

最后，我们对于人工智能技术应该保持敬畏之心，对其发展持乐观的态度，在不断探索和实践中寻找正确的道路。我们需要尊重科技的发展，认识到人工智能技术的重要性和潜力，同时也需要认识到其所带来的风险和挑战，如失业、隐私泄露、算法不公等问题。只有在科技和人类的共同努力下，人工智能技术的发展和应用才能推动人类社会进步和发展。

在 AI 伦理方面，人工智能技术的发展带来了一些挑战。例如，人工智能技术应该如何处理隐私、安全和道德等问题。在 AI 发展的过程中，如何保护用户隐私、如何保障 AI 的公正性和公平性等都是我们需要考虑的问题。

在 AI 政策和监管方面，各国积极采取行动。例如，美国的一些州颁布了保护居民个人数据隐私的法规；我国加强了 AI 相关法规的制定和实施，如《中华人民共和国网络安全法》等。这些政策和法规的实施，有助于规范 AI 产业的发展，保护消费者的合法权益，同时也有助于消除社会对 AI 的不信任。

除了制定政策和法规，还需要加强 AI 伦理立法研究，完善监管体系。科技企业需要承担更多的社会责任，包括推动 AI 算法公开透明、明确数据使用目的、遵守法律法规等。此外，学术界也需要加强 AI 伦理和道德方面的研究和讨论，弘扬科学精神和人文精神。

在 AI 产业发展的过程中，全球合作和竞争是不可避免的。全球化时代，科技企业不仅要面对本土市场的竞争，还要面对来自全球其他地区的竞争。同时，各国加大对本国人工智能产业的支持力度，提高本国人工智能产业在全球范围内的竞争力。在这种情况下，企业需要在技术研发、市场拓展等方面保持竞争力，同时也需要与其他企业进行合作，共同推进人工智能技术的发展。

随着技术的发展和应用的普及，人工智能将会对我们的生活方式和工作方式产生巨大的影响。我们所处的时代是一个充满不确定性和变化的时代。在过去的几十年里，技术领域取得了巨大进步，新兴技术改变了我们的生活方式和工作方式，也改变了我们对世界的看法。而 AI 无疑是这些技术中最为重要的一种，它对社会、经济、文化的发展产生了深远的影响。

AI 还改变了商业模式，催生了新的商业机会和创新型公司。

AI 推动我们更快地适应新的发展环境，应对新的挑战。

我们需要进行更多的研究，投入更多的人力和资金，秉持开放和协作的态度来应对未来的变化和挑战。我们需要更多的创新和创造力来挖掘 AI 的潜力，并将其用于创造更加美好的未来。

在未来的几十年里，我们将继续经历技术和社会的变革，而 AI 将会继续发挥重要的作用。我们需要对科技保持敬畏之心，并积极探索和把握科技带来的新的机遇。在这个充满变化和不确定性的时代，我们应对未来发展保持乐观态度，相信科技的力量，共同开创一个更加美好的明天。

在本书的最后，笔者要再次感谢所有为本书提供支持和帮助的人。笔者相信，只有在大家的共同努力下，人工智能技术才能持续发展。但是我们也需要对其进行监管和控制，AI 伦理、政策和监管问题，一直是学术界、科研界和社会大众关注的焦点。如何在推动 AI 技术不断发展的同时，保障社会公平、数据安全和道德规范，是各方一直努力解决的问题。